信息通信专业教材系列

通信网性能分析基础

苏驷希　编著

北京邮电大学出版社
·北京·

内 容 简 介

本书介绍了通信网性能分析的基础知识，主要讨论电路交换网络和面向连接数据网络的性能分析。其中第 1 章为通信网概述；第 2 章讨论泊松过程、生灭过程和排队系统等；第 3 章讨论通信网的局部性能分析；第 4 章讨论通信网的全局性能分析；第 5 章讨论通信网的拓扑结构分析；第 6 章讨论通信网的随机模拟；第 7 章讨论通信网的可靠度分析。各章附有一些习题，并且部分习题有简单的答案。本书可作为“通信网理论基础”或“通信网性能分析”课程的教材，也可作为希望得到通信网性能分析知识的理、工科师生和工程技术人员的参考书。

图书在版编目(CIP)数据

通信网性能分析基础/苏驯希编著. —北京：北京邮电大学出版社，2005（2024.1 重印）
ISBN 978-7-5635-1132-7

Ⅰ.通...　Ⅱ.苏...　Ⅲ.通信网—性能分析　Ⅳ.TN915

中国版本图书馆 CIP 数据核字(2005)第 031295 号

书　　名：通信网性能分析基础
编　　著：苏驯希
责任编辑：李欣一
出版发行：北京邮电大学出版社
社　　址：北京市海淀区西土城路 10 号(100876)
发 行 部：电话：010-62282185　传真：010-62283578
E-mail：publish@bupt. edu. cn
经　　销：各地新华书店
印　　刷：北京虎彩文化传播有限公司
开　　本：787 mm×1 092 mm　1/16
印　　张：8.5
字　　数：182 千字
印　　数：16 001—16 500 册
版　　次：2005 年 6 月第 1 版　2024 年 1 月第 11 次印刷

ISBN 978-7-5635-1132-7　　定价：15.00 元

序　言

通信网络提供的电信服务在现代社会中有极其重要的影响，并且成为现代社会的重要组成部分，同时，日益增长的需求也极大地促进了通信网络的进步。通信技术和内涵在最近20多年中有了惊人的发展，光纤和计算机的巨大进步是通信网络发展的主要技术原因，这些巨大进步改变了传统通信网络的许多观念。

通信网络由许多通信系统组成，非常庞大而且复杂，为使整个通信网络快速、有效、可靠和经济，网络需要合理的规划、设计、管理和优化；由于受到许多因素的影响，这个任务非常困难和复杂。通信网络首先可以认为由终端、传输信道和交换机等物理设备组成，同时必须有各种信令、通信协议和标准，网络才能正常工作。由于不同通信对象有不同的特点和需求，对传输信道采用了不同的复用技术，进而有了不同的交换方式和电信网络。本书重点讨论了电路交换网络和面向连接数据网络的性能分析。

为了对通信网络进行性能分析，首先需要对各种通信信源进行假设和建模，然后对通信网中的节点进行分析，最后对全网进行近似分析。在通信网的性能分析中，常常需要忽略一些具体细节，重点考虑网络整体的性质。在分析中，需要较多的数学知识，如概率论、随机过程、图论和可靠性数学等。鉴于实际过程的复杂性，需要很好地处理理论建模和实际系统、准确和近似的关系，在很多场合需要计算机模拟的辅助完成对系统的分析。

本书作为讲义在北京邮电大学信息工程学院使用多次，并且得到了许多教师和同学的帮助，特别是周炯槃教授和张惠民教授，他们的许多意见对本书影响很大。另外，对本书中可能存在的错误和缺陷，欢迎读者批评指正，谨此致谢。

苏驯希　于北京邮电大学

2005年3月

目　　录

第1章　概　　述

1.1　电信网络概述

通信意味着信息的传递和交换。

通信对于人类社会来说是必不可少的,它是联系人类社会各组成要素的重要手段。特别是在现代社会中,信息的交换日益频繁,随着通信技术和计算机技术的进步,已经能够克服时间和空间的限制,大量远距离的信息传递和交换成为可能和现实。通信技术的发展有可能改变传统的社会生产方式和生活模式,形成新的技术革命,极大地促进社会的进步。通信网理论就是研究如何提高通信网络整体的快速性、有效性、可靠性、多样化和经济性,以较低的成本实现网络的性能,满足社会需求。

下面简单讨论通信系统和通信网络。将一个用户的信息传送到另一个用户的全部设施通常称为一个通信系统。这些系统大部分应用在点对点环境,有微波系统、光通信系统和卫星通信系统等。通信网络可以看作是用于完成任意用户之间信息传递和交换的全部设备的总和,是通信系统的系统。通信网络离不开具体的通信系统,但网络的许多问题带有整体和全局性质,通信网理论基础就是分析这些问题,如网络拓扑结构、路由、业务随机性和整体可靠性等。在通信网性能分析中,首先研究局部的性质,进而重点考虑网络的整体和全局问题。

下面简单讨论通信网的构成元素。

从物理空间上看,通信网的组成元素主要有如下部分:终端机,传输线路和交换设备以及相应的信令、协议和标准;当然从整体上看还应该包括网络的拓扑结构和路由计划等。

终端设备的主要功能是把待传送的信息和在信道上传送的信号进行相互转换。

终端设备应该具备发送传感器来感受信息和接收传感器将信号恢复成能被利用的信息;应具有信号处理设备以使其能与信道匹配;对于通信网的终端机还必须能产生和辨别网内所需的信令或协议,以便相互联系和应答。

由于近代科学技术的发展,信息形式日益增多,每种信息形式要求有相应的终端设备来发送和接收。常用的终端设备有电话终端、图像终端、数据终端等。

传输线路也就是信道,常用的信息传递信道包括无线信道和有线信道等。

无线信道,由发射机、发射天线、接收天线、接收机以及电磁波传输的自由空间构成。

按照设备使用的频率范围，一般将无线线路分为长波、中波、短波、超短波和微波等。

有线信道，常用的有线传输方式包括架空明线、平衡电缆、同轴电缆以及光纤。有线信道中除了需要信号导引线以外，还包括必要的增音器、均衡器或者再生器。现代通信网络中最重要的信道是光纤，光纤构成了现代电信网络的基础，光纤的大量应用改变了网络的设计理念，使得以光纤为基础的现代网络在观念和结构等各方面和旧网络有本质的不同。

为了提高传输线路的利用率，信道中还包括复用设备。信道的复用也就是分割信道给不同的终端用户使用，常用的复用方式有频分复用、同步时分复用、码分复用、统计复用等。

对于信道性能的估计主要从以下几方面入手：经济性、容量、质量和可靠性等。经济性主要指每个信道所需要的费用，包括初始建设费用和经常维护费用。容量和质量指信道的传输速率和误码率等指标。可靠性指系统不出现故障或不中断通信的能力。在实际应用中，要根据实际信息传输的要求综合考虑，进而选择适合的信道传输技术。

交换设备是电信网络的核心设备。由于成本的原因，为保证网络中任意两个用户都能够交换信息，必须使用交换设备。常用的交换方式有电路交换、分组交换、多址随机接入以及 ATM 中的信元交换和 IP 交换等方式。

电路交换，这种交换方式的特点是信息传递的过程包括呼叫建立、信息传输和呼叫清除 3 个阶段，交换信息的双方通过呼叫建立过程来建立端对端通信链路并且独占这一部分线路资源，在通信结束后拆除链路并释放其占用的线路资源。这种方式的主要特点是通信双方在通信过程中占用固定带宽的链路，所以通信的时延特性能够得到保障，对语音和其他实时性业务特别适合，但是如果信源是各种类型的突发信源，则线路的利用率较低。

分组交换，适合于数据网络。有两种典型工作模式：面向连接和无连接网络。下面主要考虑面向连接的数据网络。这种工作方式下，通信的双方占用一个固定的逻辑链路而非实际的物理链路，具有较高的线路利用率，信道的复用方式为统计复用，但是难以保障时延特性，不适合实时通信，适合应用于数据网络。

多址随机接入，与电路交换和分组交换不同，这种方式下，用户信息可以不必集中到交换设备，事实上可能根本就没有交换设备。在这种工作方式下，用户可以直接将信息送到线路上传输，每个用户都具有一个地址，通过地址来区分不同用户的信息。信息的交换实际上是通过众多用户的参与来完成的。典型的多址接入方式有 ALOHA 方式，老式的以太网就是这样的例子，但是高速的局域网为了提高效率，增加了交换。

ATM 中的信元交换，ATM 一度被认为是宽带综合业务数字网的解决方式，有专门的复用和交换方式，信元交换是其特有的交换方式，更类似快速分组交换，但由于高速的接入和信源流的复杂性，难度远胜于一般分组交换。

IP 交换，目前因特网络发展非常迅速，IP 交换处理 IP 数据包，网络以无连接的方式工作，这种方式与传统的面向连接的方式有很大区别。由于 IP 技术的发展并且迅速进入传统的电信领域，使当今的电信正处于历史的大变革前沿。

通信协议和标准是电信网络中另外一个很重要的因素。在具备了终端设备、传输线路和交换设备这些硬件后，一个通信系统要能正确运行，还需要具备相应的软件和标准。在电话网中，必须有约定的信令；在计算机网络中必须有约定的协议，此外还必须约定一些传输的标准和质量标准，才能形成一个高效率的有条不紊的通信网。从某种意义上说，没有这些规定就不能形成通信网，而通信网的性能和效率，在很大程度上也决定于这些规定和规定的合理性。

通信网络的分类是一个复杂的问题，一方面通信网络是一个庞大的对象，另一方面分类的标准也有许多。鉴于现代通信网络是在一个长期的历史过程中逐步发展起来的纷繁复杂的对象，具有多方面的特征，因此对于它的分类也可以从多个角度来进行。

按照网络中传输的信息或者是网络承载的业务来划分，可以将网络划分为电话网、数据网、广播和电视网等。传统上，电信网络按照业务来分类和规划设计，一方面是为了设计的简单，更深层次的原因是不同电信业务对网络的需求不同，不同电信业务的信源也差别很大。为了网络的简单管理和节约成本，希望有统一的网络来承载不同的业务，但完成这个任务并不容易，ATM 网络的研究和探索就是曾经的努力。

按照网络覆盖的物理范围不同，通信网络可以划分为局域网、城域网、广域网等。电话网从诞生的初期起，不但可以在小范围通信，而且建成了具备在广域通信的能力；数据网络则首先在小范围有很好的发展，然后在光纤大量应用后，逐步向城域网和广域网发展。一般来说，网络的范围越大，网络的规划设计越困难。在早期，广域网困难的主要原因是长距离传输的质量难以保证，这种问题对数据网影响更大。在光纤广泛应用后，传输质量有了保证，广域网的困难在于复杂的拓扑结构。在一个小的范围，可以有一个简单的拓扑结构，如环等结构，有了简单的网络结构，就可以设计相应的协议，如城域网的 DQDB、SDH 的环等。对于广域网，由于地理的原因，拓扑结构会比较复杂，整个网络的工作机制自然较复杂。

从纵向的功能上看，通信网络可以由如下几部分构成：接入网、传输网、业务网、信令网和电信管理网等。用户业务网络可以简单分为两层：电信业务网和电信传输网。如果以 SDH 网络来描述现代电信传输网络的结构，有 3 种典型拓扑结构：点对点、环和网孔形或网状网。骨干网络结构应该无等级，并且是个网孔形结构，传输网络的整体拓扑结构大致如图1.1所示，从空间上看，传输网络是个物理网络。

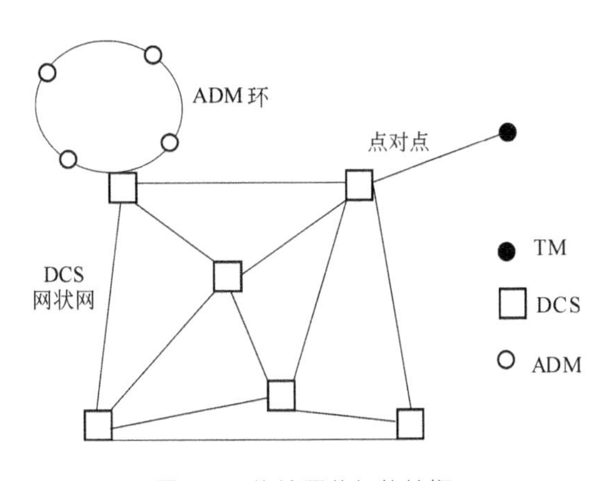

图 1.1　传输网的拓扑结构

在电信传输网上，有 3 种重要的端点设备，终端复用器（TM）、上下路复用器（ADM）

和数字交叉连接设备(DCS),它们分别应用在不同的拓扑结构中。在电信传输网上由不同业务网共享传输网络,电信传输网为公共的数字传输平台或信息高速公路。传输网的带宽分配和半动态调整是一个很重要的网络管理任务。电信传输网将支持许多不同的电信业务网,某种电信业务网(如电话网)可以为动态无级网,它的拓扑结构和传输网的拓扑结构有很大的不同,业务网络的拓扑结构为一个逻辑网络,如图 1.2 所示。

电话网络由于各端之间均有通信需求,应该为一个全连接网络,但它的连接由传输网完成,图 1.2 的网络和图 1.1 的网络完全在同一个地理区域内,不过它是一个逻辑网络,业务网络的改变由传输网实现,而传输网的改变则是物理调整。业务网络的变化是动态变化,而传输网络的变化是半动态变化,变化的时间尺度差别很大,这两种变化如果很好地配合,就可以以高效和低成本的方式运营网络。

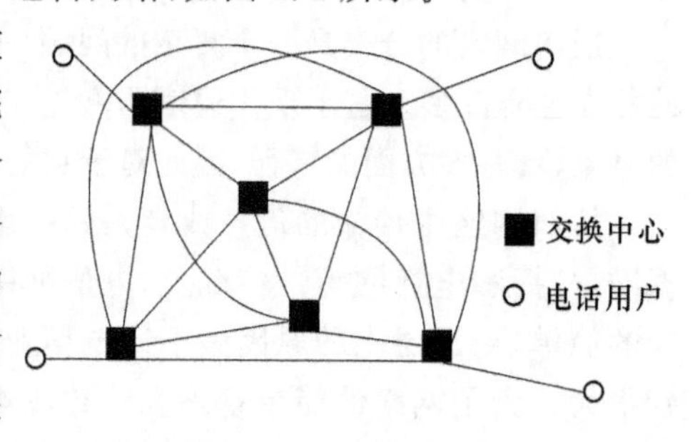

图 1.2　电话网的拓扑结构

电信网络的分层有助于将复杂对象分离,易于描述,各个部分的功能、设计和发展都相互独立。在网络的每个部分,一般都有一些相互竞争的技术。初期的电信网络包含所有功能,随着时间的推移,各个部分逐渐分离,独立发展,未来网络业务的产生和控制也将和网络的通信部分分离,可以由用户自己控制或参与。

1.2　电话网络概述

1.2.1　模拟电话网

1876 年, A. G. Bell 发明了电话。通过将语音信息转变为电信号,可以实现远距离传输。为了服务于许多用户,需要构成一个网络,由于不可能在任意用户之间均配置一套通信系统,所以产生了电话交换,电话交换可以为需要通信的双方实时建立连接。电话交换分为人工交换和自动交换。

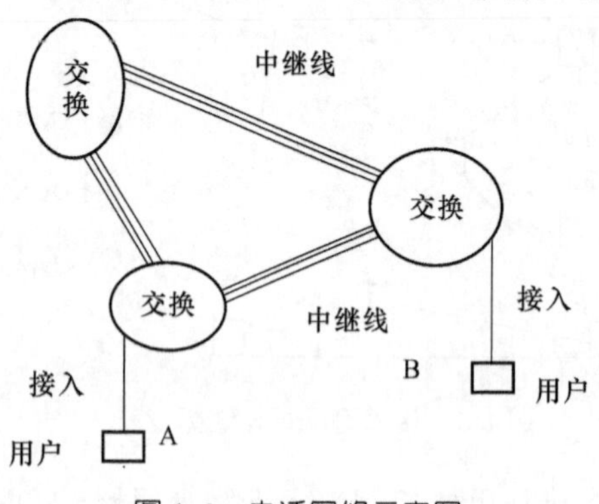

图 1.3　电话网络示意图

图 1.3 是一个电话网络的示意图,每个用户通过专有的接入线和交换中心连接,这个交换机也被称为用户的接入交换机。接入线一般是双绞线,利用二四线变换的技术可以在两

条线上实现双向传输。为了实现自动交换,为每个用户分配了一个惟一的电话号码,并且通过脉冲的数量来表示相应的数字,进而表示电话号码。下面考察一个完整的通信过程。用户A希望和用户B通信,用户A首先摘起话机,这时用户A和交换机之间的回路接通,交换机了解到用户A希望通信,如果交换机状况允许,就给用户A一个通话信号。然后用户A开始拨号,交换机在收到通信的目的号码后,通过信令系统和网络中其他交换机进行沟通,看看能否在网络中寻找到一个空闲的路由连接到用户B的接入交换机。如果找到一个空闲路由,用户B的接入交换机就通知用户B或振铃,当用户B摘机时,用户B的回路接通,网络为用户A和B建立了一个端对端的连接,通话正式开始。整个过程的实质是为通信的双方建立一个恒定带宽的端对端连接,这样可以确保通信的时延特性,非常适合语音通信的需要。

网络可以有许多交换机,它们之间由中继线互连在一起。网络被分为两个部分:一个是用户的终端和接入线,这个部分完成用户到网络的连接,每个接入线属于特定的服务对象,整个接入系统也被称之为接入网;另一个部分由交换机和中继线构成,它们不属于任何用户,可以被任何用户竞争使用,这个部分也叫公网。这样形成的电话网络叫公众交换电话网(PSTN)。网络为每个用户提供同样的模拟带宽,即大约在300～3 400 Hz范围,每个用户和交换机之间的接入线将为满足上述目的而设计。交换机之间的中继线通过频分复用的方法将带宽分割,分配完成后每个基本单位正好可以满足一个通信进程的需求。交换机将交换互连这些基本单位,最早期的交换机是步进制交换机,交换机的逻辑比较简单,依照接收到的电话号码通过步进选择器依序进行选择,尝试进行连接,由于交换机没有复杂的逻辑,所以阻塞概率较大。稍后发展的纵横制交换机采用继电器作为交换的基本单元,能够实现较为复杂的逻辑,纵横制交换机一直使用到20世纪80～90年代,最后被程控交换机所替代。上面所说的中继线的复用方法和交换机制构成电路交换网络,一直使用到现在。

因为不可能使任意两个交换机之间均有中继线互连,所以如果需要服务的对象很大,图1.3的网络就不合适。为了在一个很大的地理范围内进行通信,需要对公网规划一个拓扑结构,电话网络早期的拓扑结构为等级拓扑结构。这种拓扑结构是一种自然的选择,在一个比本地稍大的环境有一个汇接交换机,负责这个区域和外界的联系;在一个更大的范围,有更高级别的汇接交换机,类似于中国和美国这样的大网络大约被分为5级。

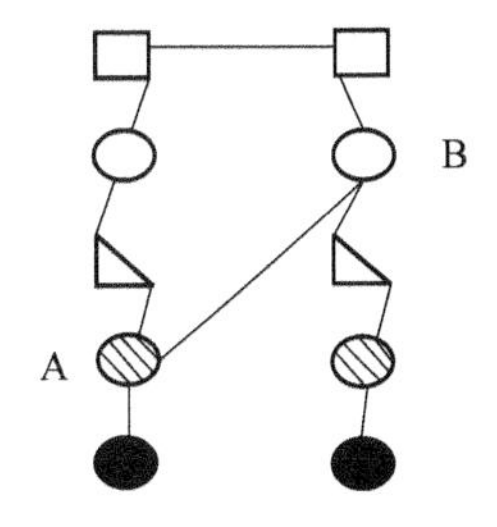

图1.4　等级电话网络

图1.4是中国电话网的一个参考图。网络被分为5级,最下一层为接入交换机,最上一层为8个大区中心,每层的汇接交换机负责一个相应的地理区域。最上一层的8个节点彼此互连,其他

节点需通过自己的汇接节点和其他节点互连。随着时间的推移，某些节点之间通话的需求较大，如图1.4中的A和B，在它们之间可以设置一些直达中继线，并且将这些直达中继线设置为相应节点之间的第一路由，而将原来的迂回路由设置为第二路由，这样的电话网络被称之为准等级电话网络。如果不考虑直达的中继线，整个网络中任意两个节点之间的路由就是惟一路由，这种情况非常适合早期交换机的能力。但是这种拓扑结构在电话网络的后期，尤其在程控交换机和7号信令系统出现之后，变得落后，主要缺点为网络可靠性较差，同时无法灵活调度网络资源，网络负荷不均衡。美国在1984年开始变革长途电话网络，将骨干网络演变为无等级网络。无等级网络充分利用了程控交换机和7号信令系统的能力，大大提高了网络的可靠性，极大地丰富了网络的路由，使得网络的资源利用率大大提高。

1.2.2 综合数字网

从20世纪70年代末到90年代，电话网络经历了另外一个重大变化，公网逐步完成了模拟到数字的转化，实现了数字化传输、程控交换和7号信令系统，具备上面这些特征的网络也叫综合数字网，综合数字网标志电话网络具备了现代电话网络的基本特征。首先简单讨论数字化传输，从接入线到达交换机的模拟信号在交换机的用户网络接口经过PCM编码变成了64 kbps的数字信号，为了分割中继线路的容量，通过同步时分复用的方法将信道分割为许多等级，基本等级为数字基群；中国和欧洲采用的数字基群叫E1，E1每秒8 000帧，每帧由32个时隙组成，其中时隙0用于同步，时隙16用于信令，其余30个时隙供30个话路使用；E1的速率为32×64 kbps = 2.048 Mbps。美国和日本采用的体系不同，他们的基群为T1，速率为1.544 Mbps或24个话路。在基群之上，需要一些更高的等级，如E2、E3、E4等，它们的容量每个后者是前者的4倍，E4的速率为139.264 Mbps，可以容纳1 920个话路，这个数字传输体制也叫准同步数字系列(PDH)。需要注意，在这个体制中每个等级的速率并不是较低等级速率的严格4倍，由于是异源复接，采用正码速调整技术，所以每个等级的速率是前一个等级速率的4倍多一点。在这个复接方法中，从高次群无法直接定位低次群信号，需要将其完全解复才能找到某个低次群，或者说需要全套的复用和解复设备，因此低速信号的上下路十分不方便；另外鉴于全世界有不同的PDH体制，所以从一开始这个PDH体制就有许多严重的缺陷。在1986年，为了统一光接口和弥补上述的缺陷，北美提出了同步光纤网(SONET)，弥补了上述缺陷并且增加了许多网络管理功能，由于增加了许多节点设备，传输部分可以独立构成传输网络。很快，ITU-T在1988年提出了相应的世界标准，就是同步数字系列(SDH)，基于SDH的传输网是第一个大量应用的商用传输网标准。

在传输完全数字化之后，交换也完成了相应的变化，程控电子交换机替代了纵横交换机。程控交换机首先采用了计算机进行控制，可以完成许多复杂的逻辑，尤其可以完成复杂的路由选择；另外采用大规模数字集成电路代替了继电器来构造基本的交换单元，使得交换机的容量有了很大增长，同时交换机的体积又变得较小。交换机交换的对象变成了同步时分复用信号，交换机具体可以采用一些不同的方法来实现交换，如共享存储器、共享总线和时间延迟部件等机制。交换的一般逻辑可以用多级互连结构来表示，如可以使用三级互连结构完成交换任务：时间＋空间＋时间（TST），这个结构的第一级是时隙互换，其目的是为了解决出线冲突，第二级的空分结构是将时隙送到需要的出端，最后一级的时隙互换将时隙调整到帧中需要的位置，同时这个结构完全等价于三级互连结构：空间＋空间＋空间(SSS)。在程控交换时代，交换中研究的重点问题（如交叉点复杂度和控制算法等）与机电制交换机相比有了很大不同；但总的来讲，由于大规模集成电路和计算机技术的发展，现代程控交换机的能力较机电制交换机有了极大的提高，并且在7号信令系统的配合下，将电信网络的管理和控制上了一个台阶。

有了数字化传输和程控交换后，综合数字网的最关键因素是7号信令系统。电话网络的物理基础在数字化传输和程控交换后，已经有了相当的水平，有了实现复杂逻辑和功能的基础，7号信令系统是网络的控制和神经系统，它可以保证网络实现需要的逻辑和功能。7号信令系统的第一个版本是1980年，发布协议的下三层如图1.5所示，中国信令网的拓扑结构如图1.6所示。整个信令系统需要有很高的可靠性，同时消息的传递不同于一般的数据网络，对时间延迟有较高的要求。

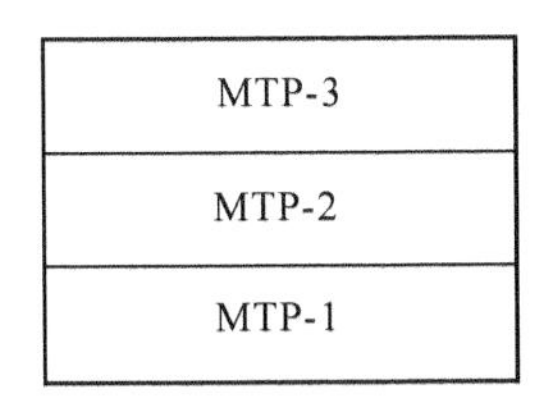

图1.5　7号信令系统的下三层

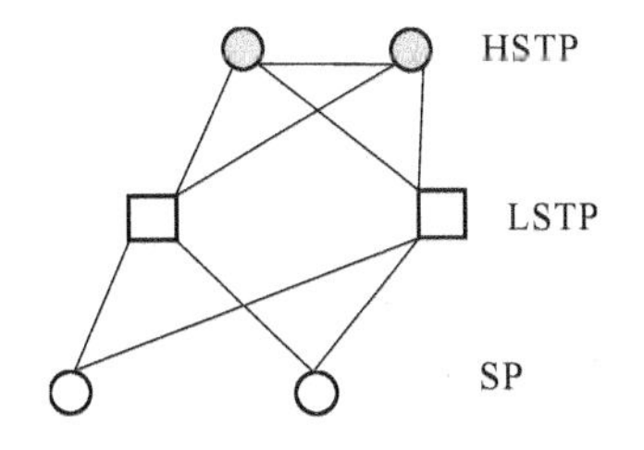

图1.6　7号信令网的拓扑结构

7号信令系统的下三层为消息转移部(MTP)，它分为3级。MTP-1实现消息的物理传输，MTP-2保证无差错传输，而MTP-3完成网络功能。对于信令网的拓扑结构，根据规划时STP的水平，可以分为二级或三级，如中国是三级网络，而美国是二级网络。在中国的7号信令网中，有3类节点，信令点(SP)、低级信令转接点(LSTP)和高级信令转接点(HSTP)。为了信令网络的高可靠性，最上一级由HSTP构成的平面是全互连，而且有完全镜像平面作为备份；任何一个SP可以接入到两个不同的LSTP，每个LSTP同样可以接入到互为备份的HSTP，而且相邻两级中任何一个连接的容量就足够应用。这样设计的网络，有几个特点：一是高可靠性，网络中任何单一故障和某些多故障不会对网络有任何影响；二是严格的等级结构，如果不考虑备份路由产生的多样性，任何两个SP之间的路由是惟一的，这样 SP 之间在相互发送信令消息（MSU）时，无需建立连接，一般数据网络的重要问题（如路由选择和流量控制）在信令网络中基本不存在，故信令网络的 MSU 可以传递得非常快。在 1984 年的第 2 版中，在无连接的 MTP-3 基础上，增加了信令连接控制部（SCCP）的功能，其核心是在逻辑层面实现面向连接和无连接的服务。SCCP和 MTP 的关系非常类似 TCP 和 IP 的关系，但 MTP 的无连接是靠严格等级的拓扑结构实现，和 IP 的无连接网络的机制不同。7 号信令系统可以高速地完成连接的建立和拆除，同时也是许多业务和未来业务的基础（如智能网、移动网等），在公网上能否全面实现 7 号信令系统，是电话网络先进性的最重要标志。

1.3　数据网络概述

数据业务是电信网络的另一大类业务，它和语音业务有很大的不同。首先，数据信源相对语音信源要复杂很多，数据信源一方面速率差别较大，另一方面信源的速率在通信过程中可能会变化，而语音信源是简单的恒定速率信源。在对电信网络的要求上，数据对错误敏感，对时延的要求低一些；语音对时延和时延的波动很敏感，对错误的要求低一些。由于这些差别，电路交换方式不适合数据的传输，需要采用新的复用和交换方法处理数据业务。低速数据通信可以采用调制解调器将数据调制到模拟信号上，在电话网上做简单应用，而更好的方法是采用新的工作方式——分组交换。

影响数据网络的两个主要因素是线路的误码率和网络的通信范围。如果局限在一个较小的环境，首先可以采用一个简单的拓扑结构，便于设计一个简单的协议，如IEEE802.3 的以太网采用共享总线，而 IEEE802.5 的令牌环采用环结构；其次由于通信的环境好，距离有限，传输信道的误码率大约在 $10^{-9} \sim 10^{-10}$，这样在网络中基本无需进行误码处理。这些传统的局域网简单而且性能良好，不过仅能应用于一个有限的范围。

网络层
链路层
物理层

图 1.7　X.25 的协议栈

如果需要在一个广域的范围进行数据通信，最重要的问题就是要解决传输的误码问题。CCITT 在 1974 年发布了 X.25 推荐标准，最近一次重大修改在 1988 年。X.25 是广域分组网络的第一个主要接口标准，X.25 定义了用户网络接口（UNI）的三层协议，以面向连接的方式工作。X.25 所规定的三层为物理层、链路层和网络层，如图1.7所示。物理层完成各种机械接口和电气接口规范，完成比特传输和定时；链路层主要完成无差错传输；网络层主要完成复用、交换和流量控制。在 X.25 中，提出了交换式虚电路（SVC）和永久虚电路（PVC）等概念，整个协议较复杂、低速，其作为 UNI 的效率很低。在光纤大量应用后，线路误码率大大降低，线路误码率大约已经达到 $10^{-9} \sim 10^{-10}$，X.25 协议中采用的逐链路差错控制方法已不必要，出现了新的简化协议——帧中继，以降低网络成本、增加吞吐率和降低时延。初期的帧中继主要提供 PVC 服务，并且能够第一次在广域网络中提供虚拟专用网(VPN)服务，实现局域网互连；同时能够提供按需带宽，UNI 的速率可以从 2 兆到几十兆。

下面以图 1.8 为例，详细说明面向连接的数据网络的工作原理。在帧中继中，PVC 的标志为数据链路连接标识符(DLCI)，它是一个局部地址。如果局域网 1 和局域网 2 进行通信，从局域网 1 中发出一个包，其地址为 DLCI100；这个包到达交换机 A 后，通过查询 A 的路由表知道，应该将这个包送到输出线 12，而且将地址改为DLCI103；当这个包到达交换机 B 后，查询 B 的路由表，应该将这个包送到输出线 15，而且将地址改为 DLCI106，这样局域网 1 将一个包送到了局域网 2；类似地，该图也描述了局域网 1 到局域网 3 和 4 的过程。所谓面向连接的网络是指通信的双方有一个逻辑连接，如果双方之间有信息交换就通过这个连接进行；如果没有信息交换，这个逻辑连接对应的物理线路资源可以被其他通信进程使用，故这种方式也叫虚电路方式，以示和电路交换方式中使用资源的方式相区别。在这个网络中，每个逻辑连接对应一个物理线路，而这个对应通过物理线路上交换机的路由表来实现；在电路交换中，通过在每个交换机上将某个时隙映射到特定时隙来完成连接。当然，与电路交换类似，面向连接数据网络的连接需要一个建立过程。一般来说，当双方需要通信时，将要求提交给网络，网络和用户协商后就通信的特征和质量标准达成一致后完成约定；而网络内部需要完成建立连接的过程，其实质就是在每个相应交换机的路由表上加上一行。在通信开始后，依照这个预先的准备，类似局域网 1 到局域网 2 的通信过程进行，通信完成后拆除连接。如果连接建立是实时的，这个连接叫 SVC；如果这个连接长期存在，这个连接叫 PVC。它们非常类似电路交换网络中的实时电话连接和租用专线。

数据网络中有另外一种工作机制，称为无连接的网络。在无连接网络中，通信的双方在通信开始时并不需要建立连接，每个数据包上有全局地址。交换机在接收到数据包后，根据包的地址和本地的路由表，将包送到特定的出口完成交换。和面向连接网络不同的是，无连接网络的路由表会根据网络中的负荷做出自适应调整和改变，路由表在通信过程中并不是静止的。无连接网络整体相当灵活，全网为分布式控制，对网络负荷的变化和故障可以做出自适应调整，典型的无连接网络为因特网的 IP 协议。面向连接的网络和无连接的网络有不同的优缺点，而且也来自不同工业集团，构成了数据通信世界的两个重要而且互补的方面。就网络性能分析而言，面向连接的数据网将在本书中做一些简单分析，对于无连接网络，理论分析很困难，甚至计算机模拟分析都是比较困难的事情。

如果数据网络的通信范围局限在一个城市的范围，由于可以采用一个简单的拓扑结构，所以可以设计一些特定的城域网协议，如 IEEE802.6。这个协议也叫分布式队列双总线(DQDB)，它采用两个独立的总线并且物理上两端闭合构成了两个环。因为简单的拓扑结构，路由变得简单，通过巧妙设计计数器，这个网络能够支持数据业务和实时业务，是少数能够同时支持语音和数据两类业务的网络。

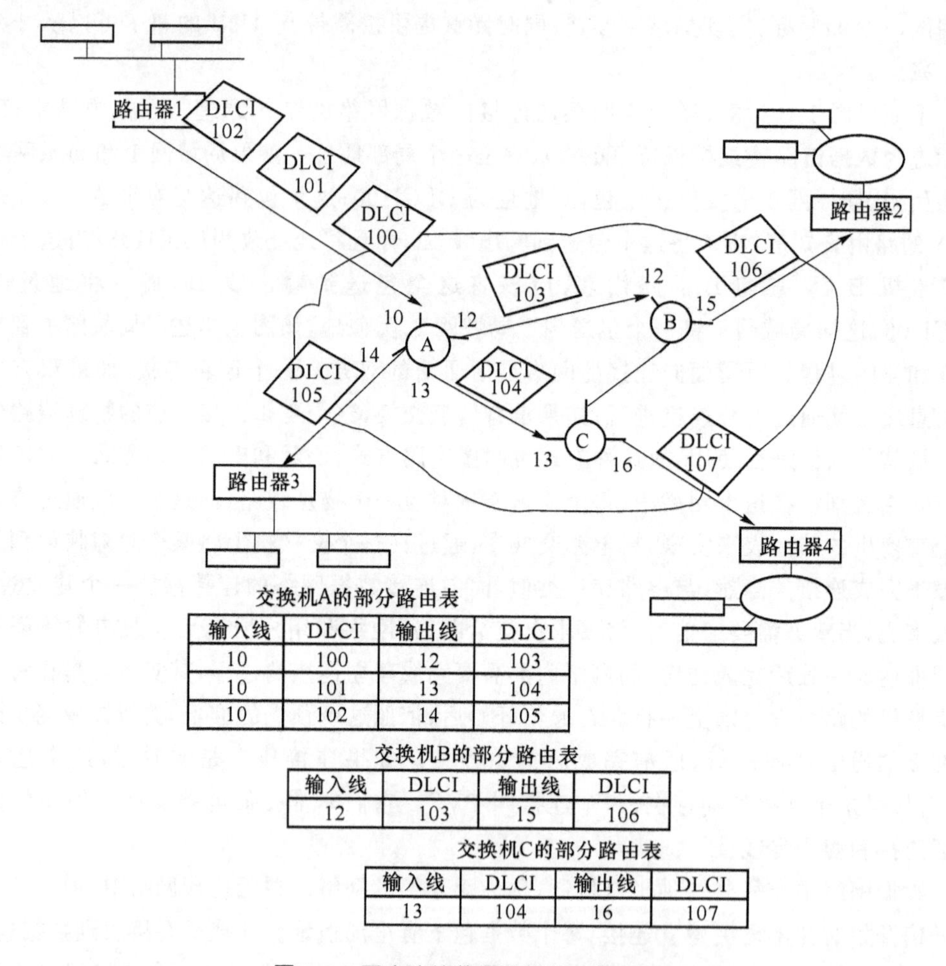

交换机A的部分路由表

输入线	DLCI	输出线	DLCI
10	100	12	103
10	101	13	104
10	102	14	105

交换机B的部分路由表

输入线	DLCI	输出线	DLCI
12	103	15	106

交换机C的部分路由表

输入线	DLCI	输出线	DLCI
13	104	16	107

图 1.8　面向连接数据网络的工作原理

由于数据信源的复杂性，数据网络要比电路交换网络复杂许多。仔细比较电路交换和分组交换网络，从复用到交换均有非常大的差别。在很长一段时间，这两类网络分开设计和运营，仅有非常少的例子能够同时支持数据业务和实时业务。20 世纪 80 年代末，ITU-T 确定 ATM 为宽带综合业务数字网的解决方式，并且整个电信界做了很大的努力，但收效不大。目前在 TCP/IP 网络中如何保证实时业务的质量同样是非常重要的问题，以 TCP/IP 为基础的综合业务网络将是未来的方向，同时 TCP/IP 技术也进入了电信传输网范畴。理解电路交换网络和面向连接数据网络的工作逻辑，其核心就是如何将一个逻辑的通信进程映射到物理资源上，这也将为理解后面的性能分析建立基础。

1.4 本书内容介绍

通信网络的性能分析希望从全局和整体出发，考虑如何了解和计算电信网络的性能，进而规划设计和优化网络。网络性能分析不但要有通信网络的基础知识，还应该掌握较深入的数学理论，是一个很综合的内容。本书将主要对两个网络进行性能分析，这两个网络是电路交换网络和面向连接的数据网络。

在第 2 章中，主要内容为信源建立模型，并且讨论一些数学知识，为后续内容做准备。电信网络的服务对象一般具有随机性的特点，个别用户不会有什么规律性，但大规模的用户会有一些统计规律。在第 2 章中，主要讨论网络服务对象的规律，对进入网络的信源建立模型。首先讨论泊松过程和它的性质，在许多场合用泊松过程来模拟到达电话交换机的电话呼叫流或到达数据交换机的数据包流。为了在第 3 章中对电信交换机进行性能分析，介绍了排队系统的概念和基本模型，并分析了 $M/M/1$ 排队系统；为了分析的方便，介绍了特殊的马尔可夫过程——生灭过程。

在第 3 章中，主要对电话网中的电话机和分组交换数据网中的交换机进行建模分析，完成局部的性能计算。对它们采用 M/M 排队系统来进行建模，同时将系统的状态变化归结到相应的生灭过程。对电话交换机，在一定条件下，使用 $M/M/s(s)$ 排队系统或爱尔兰拒绝系统来模拟交换机的一个局向，完成了呼损计算，得到了著名的爱尔兰公式。对面向连接的数据网，使用 $M/M/1$ 排队系统来模拟交换机的一个出端，完成了数据包通过交换机的平均时间的计算。另外讨论了有限用户系统，主要是为了和无限用户系统进行对比，加深对许多重要概念的理解。

在第 4 章中，对网络整体进行性能指标的近似计算。有第 3 章对网络局部的分析为基础，这一章讨论网络的整体，但问题复杂很多。如果每个交换机用一个排队系统模拟，网络整体就是排队系统的网络，数学处理和分析非常困难。在近似和简化的基础上，首先讨论了爱尔兰公式的适用范围，然后完成了对电话网络的平均呼损计算，完成了对数据网络的平均时延计算，并且介绍了一些网络优化模型。第 2、3 和 4 章为相对一个整体，处理网络业务的随机性，为交换机和网络建立数学模型，并完成网络性能指标的近似计算。通过这个计算，能够了解网络拓扑结构和网络的路由规划对网络性能的影响。

在第 5 章中，主要讨论网络的拓扑结构。网络拓扑结构对网络整体有很深的影响，首先拓扑结构会对网络的路由有影响，拓扑结构会影响路由规划的选择，例如传统的等级电话网络和现代的动态无级网络；其次许多网络协议完全依赖特定的拓扑结构。对于广域网络，由于无法采用简单的网络拓扑结构，在复杂拓扑结构之上的路由就是一个比较复杂的问题。利用图论的知识讨论了许多网络问题，如最小支撑树、端之间最短距离及路由、网络最大流和最小费用流等问题。

在第6章中，讨论计算机随机模拟在网络性能分析中的应用。传统上，为分析对象建立模型，进行分析得到解析公式，然后和实际情形对比验证。但现代通信网络作为整体非常复杂，许多时候传统的解析分析能力有限，如果做太多近似又和实际情况差别较大，计算机随机模拟成为传统解析分析的很好辅助工具。在这一章中，首先介绍随机模拟的基本概念和理论，并且讨论电话网中的动态无级网络，这个网络用随机模拟可以进行很好的分析，但传统的解析方法就很困难。

在第7章中，讨论网络的可靠性问题。首先介绍可靠性的基本理论，并且讨论复杂对象可靠性的含义和它们的计算。在有了网络可靠性的不同概念后，讨论各种网络可靠性的近似计算公式，完成对网络综合可靠度的讨论。

另外每章均有一些难度不同的习题，部分习题有简单的答案。书最后有一些参考文献和书籍，它们的许多内容和处理方法对本书有较多影响，有些例子和习题也来自这些参考文献，对参考文献中所涉及到的作者在这里一并表示感谢。书中肯定会有一些处理不当的内容和错误，欢迎批评和指正。

习 题 1

1.1 分析比较电路交换网络和分组交换网络的区别。

1.2 分析比较面向连接的网络和无连接网络的区别。

1.3 叙述网络拓扑结构和网络路由的关系，以及它们对网络性能的影响。

第2章　通信信源模型和 M/M/1 排队系统

通信网络的服务对象具有随机性的特点。对通信网络进行性能分析，首先需要对通信信源进行建模，描述进入网络的语音呼叫流和数据流的特征；其次描述业务的服务时间特征；最后使用排队系统对交换机进行模拟和分析。本章将讨论泊松过程和M/M/1排队系统，这些知识将为通信网络的性能分析奠定基础。

2.1　泊松过程

2.1.1　泊松过程概述

下面通过描述到达电话交换机的电话呼叫流来引入泊松过程。到达交换机的电话呼叫流或顾客流在一定条件下满足下面几个条件：

(1) 平稳性。在区间 $[a,a+t)$ 内有 k 个呼叫到来的概率与起点 a 无关，只与时间区间的长度 t 有关，这个概率记为 $p_k(a,a+t)=p_k(t)$。

(2) 无后效性。不相交区间内到达呼叫数的概率分布是相互独立的。

(3) 普通性。令 $\psi(t)$ 表示长度为 t 的区间内至少到达两个呼叫的概率，则 $\psi(t)=o(t),t\to 0$。

(4) 有限性。在任意有限区间内到达有限个呼叫的概率为1，即 $\sum_{k=0}^{\infty} p_k(t)=1$。

这种输入过程容易处理，并且应用广泛，被称为泊松过程或泊松流。

定理2.1描述了泊松过程的特点，并且式(2.1)计算了在长度为 t 的时间内到达 k 个呼叫的概率。

定理 2.1　对于泊松呼叫流，长度为 t 的时间内到达 k 个呼叫的概率 $p_k(t)$ 服从泊松分布，即

$$p_k(t)=\frac{(\lambda t)^k}{k!}e^{-\lambda t},\ k=0,1,2,\cdots \tag{2.1}$$

其中 $\lambda>0$，为常数，表示平均到达率或泊松呼叫流的强度。

证明　令 t,τ 为任意的两个正数，则在 $[0,t+\tau)$ 内没有顾客到来的充分必要条件是在 $[0,t)$ 和 $[t,t+\tau)$ 内都没有顾客到来。由于平稳性，前面3个事件的概率分别为

$p_0(t+\tau)$，$p_0(t)$和 $p_0(\tau)$，又由于后两个事件独立，所以

$$p_0(t+\tau)=p_0(t)p_0(\tau), \text{ 对任意 } t, \tau \text{ 成立}$$

为解这个函数方程，取对数，得

$$\ln p_0(t+\tau)=\ln p_0(t)+\ln p_0(\tau)$$

由于$-\ln p_0(t)$为非降函数，利用数学分析中的一个结果，对区间$[0,\infty)$内的任何 x 和 y 恒能满足条件 $f(x+y)=f(x)+f(y)$的非降函数 $f(x)$必为线性齐次函数，即 $f(x)=\lambda x$，其中 λ 为非负常数或$+\infty$。因为 $-\ln p_0(t)=\lambda t$，在 $\lambda=0$ 或 $\lambda=+\infty$ 时，平凡，则由上式得

$$p_0(t)=\mathrm{e}^{-\lambda t}, 0<\lambda<\infty$$

现在考虑 $k>0$ 的情形，将$[0,t)$分为 n 等分，记 $t/n=\Delta$，由于普通性，如果 Δ 足够小，可以近似认为每个 Δ 中要么没有呼叫，要么只有一个呼叫，而且各个 Δ 到达呼叫的概率独立，这样有

$$\begin{aligned}
p_k(t) &= \binom{n}{k}[p_1(\Delta)]^k \cdot [p_0(\Delta)]^{n-k} \\
&= \binom{n}{k}[1-p_0(\Delta)-\psi(\Delta)]^k \mathrm{e}^{-\lambda\Delta(n-k)} \\
&= \binom{n}{k}[\lambda\Delta+o(\Delta)]^k \mathrm{e}^{-\lambda\Delta n}\mathrm{e}^{\lambda k\Delta} \\
&= \binom{n}{k}\lambda^k \cdot \Delta^k \cdot [1+o(1)]\mathrm{e}^{-\lambda t}[1+o(1)] \\
&= \frac{(\lambda t)^k}{k!}\mathrm{e}^{-\lambda t}\frac{n(n-1)\cdots(n-k+1)}{n^k}[1+o(1)] \\
&\to \frac{(\lambda t)^k}{k!}\mathrm{e}^{-\lambda t} \qquad n\to\infty
\end{aligned}$$

在参数 t 固定的情况下，$p_k(t)=\frac{(\lambda t)^k}{k!}\mathrm{e}^{-\lambda t}$服从泊松分布，如果用 $N(t)$表示$[0,t)$内到的呼叫数，那么到达的平均呼叫数为

$$E[N(t)]=\sum_{k=1}^{\infty}kp_k(t)=\sum_{k=1}^{\infty}k\frac{(\lambda t)^k}{k!}\mathrm{e}^{-\lambda t}=\lambda t$$

如果单位时间内的到达呼叫数称为到达率，则到达率$=\frac{\lambda t}{t}=\lambda$，这正是参数 λ 的物理意义。

对于泊松呼叫流而言，在任何时间区间内的到达率都是一样的。泊松过程可以有一些不同的等价定义，在习题 2.8 中，泊松过程表现为一个特殊的生灭过程——纯生过程，并且通过求解系列微分方程求解(2.1)。

例 2.1 计算 $N(t)$的方差。

解 $\mathrm{Var}[N(t)]=E[N^2(t)]-\{E[N(t)]\}^2=E[N^2(t)]-(\lambda t)^2$

容易计算：

$$
\begin{aligned}
E[N^2(t)] &= \sum_{k=0}^{\infty} k^2 p_k(t) = \sum_{k=1}^{\infty} k^2 p_k(t) \\
&= \sum_{k=1}^{\infty} k(k-1) p_k(t) + \sum_{k=1}^{\infty} k p_k(t) \\
&= \sum_{k=2}^{\infty} k(k-1) p_k(t) + \lambda t \\
&= (\lambda t)^2 \mathrm{e}^{-\lambda t} \cdot \sum_{k=2}^{\infty} \frac{(\lambda t)^{k-2}}{(k-2)!} + \lambda t \\
&= (\lambda t)^2 + \lambda t
\end{aligned}
$$

所以

$$
\mathrm{Var}[N(t)]=E[N(t)]=\lambda t \tag{2.2}
$$

泊松过程是一个很简单的随机过程，有许多良好的性质。根据这里对泊松过程的定义，在一定条件下电话呼叫流非常接近泊松过程的特征。以后在这些条件下将用泊松过程来模拟到达网络节点的电话呼叫流或数据包流，模拟到达网络的各种信源。关于在什么条件下可以用泊松过程模拟电话呼叫流，这个问题以后再讨论。泊松过程在任何时间区间内的到达率都是一样的，在习题 2.9 中有一个广义泊松过程，它的到达率可以随着时间变化。

2.1.2 泊松过程的性质

考虑一个电话汇接局，一般会有不同方向的电话呼叫流汇聚于此。如果每个方向来的呼叫流均为泊松流，而且它们之间是相互独立的，合并流是否仍为泊松流呢？答案是肯定的，这就是下面的性质 2.1。

性质 2.1 m 个泊松流的参数分别为 $\lambda_1, \lambda_2, \cdots, \lambda_m$，并且它们是相互独立的，合并流仍然为泊松流，且参数为 $\lambda=\lambda_1+\lambda_2+\cdots+\lambda_m$。这个性质说明独立的泊松过程是可加的。

证明 下面仅仅考虑 $m=2$ 的情形。

$N_1(t)$表示$[0,t)$内第一个流到达的呼叫数，$N_2(t)$表示$[0,t)$内第二个流到达的呼叫数，$N(t)=N_1(t)+N_2(t)$表示$[0,t)$内到达的合并流的呼叫数，为说明 $N(t)$服从泊松流，计算$N(t)$，则

$$
\begin{aligned}
p\{N(t)=k\} &= \sum_{j=0}^{k} p\{N_1(t)=j, N_2(t)=k-j\} \\
&= \sum_{j=0}^{k} p\{N_1(t)=j\} p\{N_2(t)=k-j\} \\
&= \sum_{j=0}^{k} \frac{(\lambda_1 t)^j}{j!} e^{-\lambda_1 t} \cdot \frac{(\lambda_2 t)^{k-j}}{(k-j)!} e^{-\lambda_2 t} \\
&= e^{-(\lambda_1+\lambda_2)t} \sum_{j=0}^{k} \frac{(\lambda_1 t)^j}{j!} \frac{(\lambda_2 t)^{k-j}}{(k-j)!} \\
&= \frac{e^{-(\lambda_1+\lambda_2)t}}{k!} \sum_{j=0}^{k} \frac{k!}{j!(k-j)!} (\lambda_1 t)^j (\lambda_2 t)^{k-j} \\
&= \frac{[(\lambda_1+\lambda_2)t]^k}{k!} e^{-(\lambda_1+\lambda_2)t}, \quad k=0,1,2,\cdots
\end{aligned}
$$

所以 $N(t)$是参数为 $\lambda=\lambda_1+\lambda_2$ 的泊松流。

上面的结果容易推广到 $m\neq 2$ 的情形。

下面考虑反过来的情形：

如图 2.1 所示，一个参数为 $\lambda=\lambda_1+\lambda_2$ 的泊松呼叫流到达交换局 A 后，每个呼叫将独立去两个不同方向，且去两个方向的概率分别为

$$p_i=\frac{\lambda_i}{\lambda}, \quad i=1,2$$

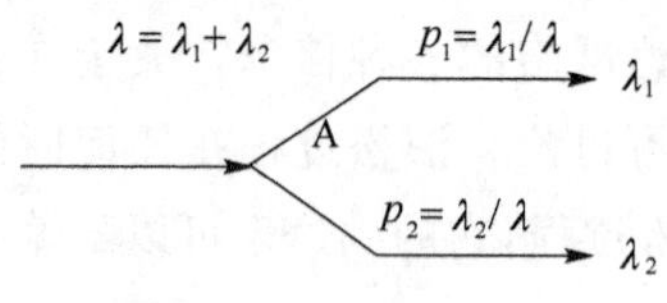

图 2.1 泊松流的分解

性质 2.2 参数为 $\lambda=\lambda_1+\lambda_2$ 的泊松流被分解为两个独立的泊松流，参数分别为 λ_1 和 λ_2。

证明 设 $N(t)$，$N_i(t)$分别为相应的过程在 $[0,t)$ 中到达的呼叫数，则

$$N(t)=N_1(t)+N_2(t)$$

为说明 $N_i(t)$的特性，计算概率：

$$
\begin{aligned}
& p\{N_1(t)=n_1, N_2(t)=n_2\} \\
&= p\{N_1(t)=n_1, N_2(t)=n_2 \mid N(t)=n\} \times p\{N(t)=n\}
\end{aligned}
$$

因为

$$p\{N_1(t)=n_1, N_2(t)=n_2 \mid N(t)=n\} = \binom{n}{n_1}\left(\frac{\lambda_1}{\lambda}\right)^{n_1}\left(\frac{\lambda_2}{\lambda}\right)^{n-n_1}$$

这里 $n=n_1+n_2$，$\lambda=\lambda_1+\lambda_2$。

另外

$$p\{N(t)=n\}=\frac{(\lambda t)^n}{n!} e^{-\lambda t}$$

所以

$$
\begin{aligned}
& p\{N_1(t)=n_1, N_2(t)=n_2\} \\
&= \frac{n!}{n_1!\ (n-n_1)!}\left(\frac{\lambda_1}{\lambda}\right)^{n_1} \cdot \left(\frac{\lambda_2}{\lambda}\right)^{n-n_1} \cdot \frac{(\lambda t)^n}{n!}\mathrm{e}^{-\lambda t} \\
&= \frac{(\lambda_1 t)^{n_1}}{n_1!} \cdot \mathrm{e}^{-\lambda_1 t} \cdot \frac{(\lambda_2 t)^{n_2}}{n_2!} \cdot \mathrm{e}^{-\lambda_2 t} \\
&= p\{N_1(t)=n_1\} p\{N_2(t)=n_2\}
\end{aligned}
$$

这个结果说明原来的泊松流按照概率 $p_1=\lambda_1/\lambda$ 和 $p_2=\lambda_2/\lambda$ 分解为两个独立的泊松流，这两个泊松流的参数分别为 λ_1 和 λ_2，这个结果也容易被推广到分解为多个泊松流的情形。性质 2.1 和性质 2.2 使得用泊松流模拟电话呼叫流时，呼叫流不论合并或分解性质都保持不变，非常方便。

2.2 泊松过程和负指数分布的关系

如果 $N(t)$ 表示一个泊松过程，在 2.1 中推导出：

$$
p_k(t)=\frac{(\lambda t)^k}{k!}\mathrm{e}^{-\lambda t}
$$

假设 $t_i(i=0,1,2,\cdots)$ 为相应的呼叫到达时刻，令 $X_i=t_i-t_{i-1}(i=1,2,\cdots)$，$t_0=0$，$X_i$ 为呼叫到达间隔。考虑到泊松过程的特性，任意 X_i 满足：

$$
p\{X_i \geqslant t\}=p_0(t)=\mathrm{e}^{-\lambda t}, t \geqslant 0
$$

下面引入一个随机变量，它将会和泊松过程有非常密切的关系。

随机变量 X 满足 $p\{X \geqslant t\}=\mathrm{e}^{-\lambda t}$，或分布函数为

$$
p\{X<t\}=1-\mathrm{e}^{-\lambda t}, t \geqslant 0 \tag{2.3}
$$

这个分布被称之为参数 λ 的负指数分布。

这个分布的概率密度函数为

$$
f_x(t)=\lambda \mathrm{e}^{-\lambda t}, t \geqslant 0
$$

例 2.2 计算参数为 λ 的负指数分布的均值和方差。

解 $E[X]=\int_0^{\infty} t f_x(t) \mathrm{d}t=\int_0^{\infty} t\lambda \mathrm{e}^{-\lambda t} \mathrm{d}t=\frac{1}{\lambda}$

$$
\operatorname{Var}[X]=E[X]^2-(E[X])^2=\int_0^{\infty} t^2 \lambda \mathrm{e}^{-\lambda t} \mathrm{d}t-\frac{1}{\lambda^2}=\frac{1}{\lambda^2}
$$

关于负指数分布，有如下无记忆特性。

性质 2.3 假定 X 服从参数为 λ 的负指数分布，对任意 $t, s \geqslant 0$，有

$$
p\{X \geqslant t+s \mid X \geqslant t\}=p\{X \geqslant s\} \tag{2.4}
$$

证明 计算式(2.4)中左面的条件概率如下：

$$p\{X\geqslant t+s\mid X\geqslant t\}=\frac{p\{X\geqslant t+s,X\geqslant t\}}{p\{X\geqslant t\}}=\frac{p\{X\geqslant t+s\}}{p\{X\geqslant t\}}$$

$$=\frac{\mathrm{e}^{-\lambda(t+s)}}{\mathrm{e}^{-\lambda t}}=\mathrm{e}^{-\lambda s}=p\{X\geqslant s\}$$

这个性质实际上表明负指数分布的残余分布和原始分布服从一致的分布，这个性质也被称为无记忆性。下面再举一个例子说明该性质，如果 X 代表某种生物的寿命分布，性质 2.3 表明寿命大于 s 的概率和已知寿命大于 t 的条件下，再生存 s 的概率一样，这种无记忆特性是这种分布的独特性质。可以证明具有性质 2.3 的连续分布一定是负指数分布。

性质 2.4 表明了负指数分布的一些特点。

性质 2.4 假设 T_1, T_2 为相互独立的两个负指数分布，参数分别为 λ_1, λ_2，令 $T=\min(T_1,T_2)$，则

(1) T 是一个以 $\lambda_1+\lambda_2$ 为参数的负指数分布；

(2) T 的分布和 T_i 谁是较小数无关；

(3) $p\{T_1<T_2\mid T=t\}=\dfrac{\lambda_1}{\lambda_1+\lambda_2}$。

验证上面的性质留给读者作为习题，这个性质容易推广到多个独立负指数分布的情形。

关于泊松过程和负指数分布的关系，有定理 2.2。

定理 2.2 一个随机过程是参数 λ 的泊松过程的充分必要条件为到达间隔 $X_i(i=1,2,\cdots)$ 相互独立，且服从相同参数 λ 的负指数分布。

证明 假定一个泊松过程事件发生的时刻为 $t_1,t_2,\cdots$，则 $X_i=t_i-t_{i-1}(t_0=0)$ 是第 i 次事件的发生间隔。

首先，$p\{X_1>t\}=p\{N(t)=0\}=\mathrm{e}^{-\lambda t}$，

然后考虑 X_2 的分布，有

$$\begin{aligned}p\{X_2>t\mid X_1=s\}&=p\{N(t+s)-N(s)=0\mid X_1=s\}\\&=p\{N(t+s)-N(s)=0\}=p\{N(t)=0\}\\&=\mathrm{e}^{-\lambda t}\end{aligned}$$

类似可说明泊松过程的到达间隔 X_i 独立同分布。

反之，假定 $X_1,X_2,\cdots$ 为独立同分布的负指数分布，而 $t_n=\sum_{i=1}^{n}X_i$，t_n 是一个 n 阶爱尔兰分布，它的概率密度计算留作习题，则

$$p\{t_n<t\}=\int_0^t\lambda\mathrm{e}^{-\lambda x}\cdot\frac{(\lambda x)^{n-1}}{(n-1)!}\mathrm{d}x$$

反复利用分部积分，有

$$p\{t_n < t\} = \sum_{k=n}^{\infty} \frac{(\lambda t)^k}{k!} \cdot \mathrm{e}^{-\lambda t}$$

注意到事件$\{t_n < t\}$和事件$\{N(t) \geqslant n\}$是一码事，则

$$p\{N(t) \geqslant n\} = \sum_{k=n}^{\infty} \frac{(\lambda t)^k}{k!} \cdot \mathrm{e}^{-\lambda t}$$

最后，

$$p\{N(t)=n\}=p\{N(t)\geqslant n\}-p\{N(t)\geqslant n+1\}=\frac{(\lambda t)^n}{n!}\mathrm{e}^{-\lambda t}$$

所以，$\{N(t), t\geqslant 0\}$为一个参数λ的泊松过程。

定理2.2指明了从另一个角度去等价观察泊松过程，这样性质2.1和性质2.4应该具有一致性，关于这个一致性的说明留作习题。根据定理2.2表明的特性，可以很容易直观描述一个参数为λ的泊松流，这使得在计算机随机模拟中容易模拟产生一个泊松流。同时，对于泊松流，由于到达间隔为负指数分布，所以不论取任何时刻为起点，剩余的到达间隔仍为同参数的负指数分布。

2.3 生灭过程

一个呼叫流如果是参数λ的泊松过程，那么任取一个时刻t，在$(t,t+\Delta t)$内有一个呼叫到来的概率为：$p_1(\Delta t)=\lambda\Delta t\mathrm{e}^{-\lambda\Delta t}=\lambda\Delta t+o(\Delta t)$，所以$\lambda$既是任意区间内也是任意瞬时的到达率。泊松过程一种直接的推广(如习题2.9)，到达率可以随时间变化。考虑一个电话机中的呼叫数，既可以增加也可以减少，所以需要更加复杂的随机过程来描述电话交换机中呼叫数的变化。下面引入的生灭过程可以用来描述电话交换机中呼叫数的变化，泊松过程是一种特殊的纯生过程。

生灭过程是一种特殊的离散状态的连续时间马尔可夫过程，或被称为连续时间马尔可夫链。生灭过程的特殊性在于状态为有限个或可数个，并且系统的状态变化一定是在相邻状态之间进行的。生灭过程的极限解或稳态解有很简单的形式。

如果用$N(t)$表示系统在时刻t的状态，且$N(t)$取非负整数值。如果$N(t)=k$，称在时刻t系统处于状态k。当满足下面几个条件时系统称之为生灭过程。

(1) 在时间$(t,t+\Delta t)$内系统从状态$k(k\geqslant 0)$转移到$k+1$的概率为$\lambda_k \cdot \Delta t+o(\Delta t)$，这里$\lambda_k$为在状态$k$的出生率；

(2) 在时间$(t,t+\Delta t)$内系统从状态$k(k\geqslant 1)$转移到$k-1$的概率为$\mu_k \cdot \Delta t+o(\Delta t)$，这里$\mu_k$为在状态$k$的死亡率；

(3) 在时间$(t,t+\Delta t)$内系统发生跳转的概率为$o(\Delta t)$；

(4) 在时间$(t,t+\Delta t)$内系统停留在状态k的概率为$1-(\lambda_k+\mu_k)\Delta t+o(\Delta t)$。

根据生灭过程定义，对于任意$s,t\geqslant 0$，非负整数$i,j,n(u)$，$0\leqslant u<s$，有

$$p\{N(t+s)=j\mid N(s)=i,N(u)=n(u),0\leqslant u<s\}=p\{N(t+s)=j\mid N(s)=i\}$$

或者说生灭过程是一个马尔可夫链，并且在上述定义中生灭过程有着极为简单的状态转移关系，图 2.2 表示了生灭过程的状态转移图。状态转移图可以直观表示系统的特征，状态转移图实际上包含了系统的所有状态和所有可能的变化。由于状态变化仅仅发生在相邻的状态之间，所以整个状态图是一个有限或无限的链。

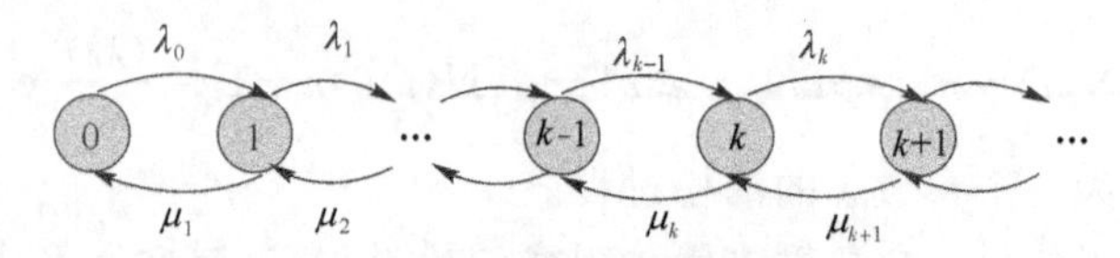

图 2.2　生灭过程的状态转移图

对于生灭过程，许多时候关心系统在较长时间之后的稳态分布。下面首先给出生灭过程满足的柯尔莫哥洛夫(Kolmogorov)方程，然后指明稳态分布满足的必要条件，最后不加证明地给出一个极限定理。

首先 $p_k(t)=p\{N(t)=k\}$，$p_{ik}(t)$表示系统从状态 i 经过时间 t 后转移到 k 的条件概率，则条件概率 $p_{ik}(t)$满足：

$$p_{ik}(t)\geqslant 0,\sum_{k=0}^{\infty}p_{ik}(t)=1$$

根据生灭过程性质(1)～(4)，有

$$\begin{aligned}p_k(t+\Delta t)&=\sum_{i=0}^{\infty}p_i(t)p_{ik}(\Delta t)\\&=p_k(t)\cdot p_{k,k}(\Delta t)+p_{k-1}(t)\cdot p_{k-1,k}(\Delta t)+p_{k+1}(t)\cdot p_{k+1,k}(\Delta t)+o(\Delta t)\\&=p_k(t)[1-(\lambda_k+\mu_k)\Delta t+o(\Delta t)]+p_{k-1}(t)[\lambda_{k-1}\Delta t+o(\Delta t)]+\\&\quad p_{k+1}(t)[\mu_{k+1}\Delta t+o(\Delta t)]+o(\Delta t)\\&=p_k(t)[1-(\lambda_k+\mu_k)\Delta t]+\lambda_{k-1}p_{k-1}(t)\Delta t+\mu_{k+1}p_{k+1}(t)\Delta t+o(\Delta t)\end{aligned}$$

或

$$\frac{p_k(t+\Delta t)-p_k(t)}{\Delta t}=-(\lambda_k+\mu_k)p_k(t)+\lambda_{k-1}p_{k-1}(t)+\mu_{k+1}p_{k+1}(t)+\frac{o(\Delta t)}{\Delta t}$$

当 $\Delta t\to 0$ 时，有

$$\frac{\mathrm{d}p_k(t)}{\mathrm{d}t}=-(\lambda_k+\mu_k)p_k(t)+\lambda_{k-1}p_{k-1}(t)+\mu_{k+1}p_{k+1}(t)\qquad(2.5)$$

其中，$k=0,1,2,\cdots;\lambda_{-1}=\mu_0=p_{-1}(t)=0$。

方程组(2.5)称为柯尔莫哥洛夫方程组，如果加上初始条件 $p_k(0)$，系统在各个时刻 t 的分布就确定了。由于柯尔莫哥洛夫方程组一般有无穷多个微分方程，$p_k(t)$的求解是比较困难的。如果考虑的重点为极限分布或稳态分布，就不需要处理复杂的微分方程组，而是线性方程组。

下面假设稳态分布存在，考虑稳态分布的形式。

在 $t\to\infty$ 时，有

$$\lim_{t\to\infty}\frac{\mathrm{d}}{\mathrm{d}t}p_k(t)=0,\quad \lim_{t\to\infty}p_k(t)=p_k$$

方程组(2.5)变为(2.6)，其中 $\lambda_{-1}=\mu_0=p_{-1}=0$，则

$$-(\lambda_k+\mu_k)p_k+\lambda_{k-1}p_{k-1}+\mu_{k+1}p_{k+1}=0 \tag{2.6}$$

另外有一个概率归一性：

$$\sum_{k=0}^{\infty}p_k=1$$

方程组(2.6)是稳态分布满足的必要条件，形式上(2.6)的解很容易得到，如果令 $Z_k=\lambda_{k-1}p_{k-1}-\mu_k p_k$，(2.6)变为 $Z_k-Z_{k+1}=0(k=0,1,2,\cdots)$。

因为 $Z_0=\lambda_{-1}p_{-1}-\mu_0 p_0=0$，所以

$$Z_k=0,\quad k=0,1,2,\cdots$$

所以

$$p_k=\frac{\lambda_{k-1}}{\mu_k}p_{k-1}$$

令 $\theta_0=1$，$\theta_k=\dfrac{\lambda_0\lambda_1\cdots\lambda_{k-1}}{\mu_1\mu_2\cdots\mu_k}$，$k\geqslant1$，有

$$p_k=\theta_k p_0,\quad k=1,2,3,\cdots$$

根据概率归一性，形式上 $p_0=\left(1+\sum_{k=1}^{\infty}\theta_k\right)^{-1}$，从而稳态分布为

$$p_k=\theta_k p_0,\quad p_0=\left(1+\sum_{k=1}^{\infty}\theta_k\right)^{-1} \tag{2.7}$$

下面不加证明地指明一个极限定理。

定理 2.3 对有限状态的生灭过程或对满足条件

$$\sum_k\theta_k<\infty,\quad \sum_k\frac{1}{\lambda_k\theta_k}=\infty$$

的可数状态的生灭过程，稳态分布 $\lim_{t\to\infty}p_k(t)=p_k>0,k\geqslant0$ 存在，且与初始条件无关。可数状态时式(2.7)决定稳态分布；有限状态时，如果有 $n+1$ 个状态，则 $p_j=\dfrac{\theta_j}{\sum_{k=0}^{n}\theta_k}(0\leqslant j\leqslant n)$ 决定稳态分布。

关于生灭过程中微分方程和稳态方程的建立可以依照图 2.3 简单完成。

在时刻 t 进入状态 k 的到达率与离开状态 k 的离开率之差为状态 k 的变化率，即

$$\frac{\mathrm{d}p_k(t)}{\mathrm{d}t}=[\lambda_{k-1}p_{k-1}(t)+\mu_{k+1}p_{k+1}(t)]-(\lambda_k+\mu_k)p_k(t)$$

在稳态时，进入状态 k 的到达率和离开状态 k 的离开率应该一样，即

$$\lambda_{k-1}p_{k-1}+\mu_{k+1}p_{k+1}=(\lambda_k+\mu_k)p_k$$

另外,$Z_k=0(k=0,1,2,\cdots)$ 表明通过图 2.3 中边界的变化为零。状态转移图 2.2 中每个状态对应一个方程,每个变化对应某方程的一个项。方程组(2.5)和初始值决定了整个系统的变化,事实上它们是瞬态分析的基础。生灭过程的稳态分布虽然一般是无限多变量的线性方程组,但是由于生灭过程只是相邻状态有关系,故可以简单化解,表现为 $Z_k=0(k=0,1,2,\cdots)$。如果系统的状态变化不局限在相邻状态之间,稳态分布的方程就很难求解,稳态分布就不容易得到,这或许是生灭过程非常广泛应用的一个原因。如果到达的呼叫流不平稳,有时可以用特殊的生灭过程表示信源。如在恩格谢特系统中,信源用一个一般的纯生过程模拟而不用泊松过程。

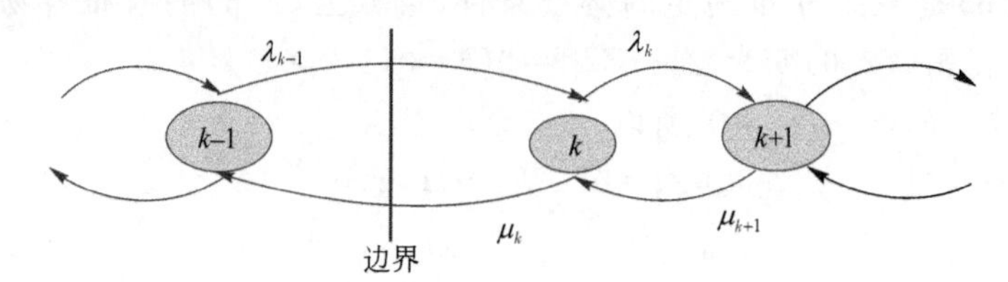

图 2.3　生灭过程相邻状态的关系

2.4　*M*/*M*/1 排队系统

2.4.1　排队系统概念

在实际应用中,有一大类系统被称之为随机服务系统或排队系统。在这些系统中,顾客到来的时刻与服务时间的长短都是随机的,并且可能会随不同的条件而变化,因而服务系统的状况也是随机的,会随各种条件而波动。在电信网络中,交换机就可以看成是一种随机服务系统,对于不同的电信网络,可以使用不同的排队系统模拟不同的电信业务交换机进行分析。在本书中对较简单的交换系统进行分析,模拟这些系统的排队系统的状态变化实际上是一个生灭过程。

图 2.4 表达了一个排队系统的模型。

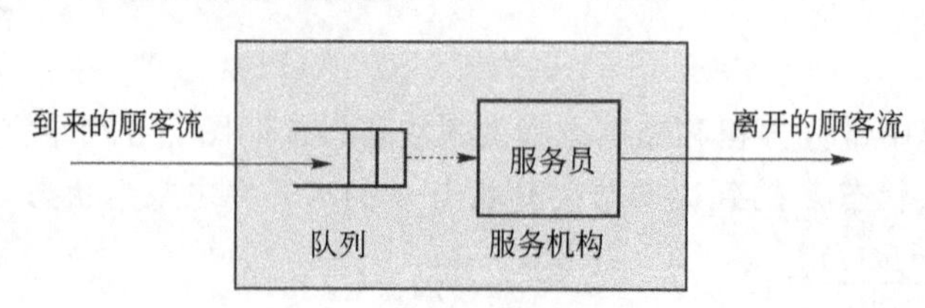

图 2.4　排队系统模型

在图 2.4 中，外界到来一个顾客流，当顾客到达系统后，如果有空闲的服务员就得到服务。如果没有空闲的服务员，有两种可能情况，或者可以排队等待，或者系统拒绝该顾客。

要仔细描述一个排队系统，主要需要描述 3 个方面的内容：输入过程、服务时间、排队方式等。下面使用一个随机点移动模型来说明关于排队系统的模型和假设，如图 2.5 所示。

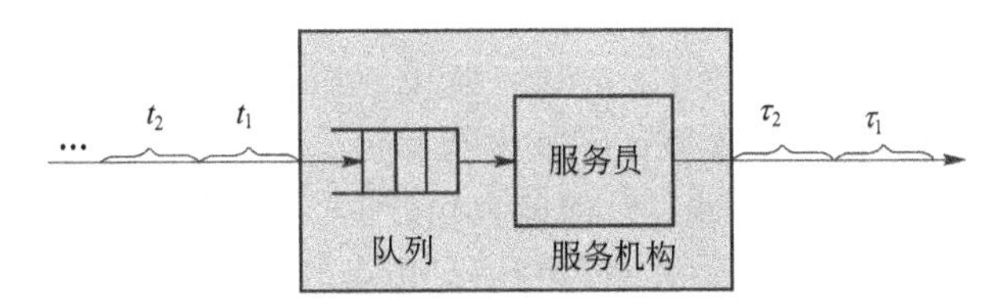

图 2.5　排队系统的点移动模型

如果只有一个服务员，在轴上有一些点从左向右做同速率的匀速直线运动，图 2.5 中的 $t_1, t_2, \cdots$ 表示顾客到达排队系统的到达间隔，它们均为随机变量；在系统忙时，$\tau_1, \tau_2, \cdots$表示不同顾客的服务时间，它们也是随机变量，关于 t_i 和 $\tau_i(i=1,2,\cdots)$满足下面 3 个假设：

(1) t_i 独立同分布；

(2) τ_i 独立同分布；

(3) t_i 和 τ_i 独立。

在上面这个假设的基础上，排队系统将相对容易处理并可以根据 t_i 和 τ_i将不同的排队系统分类。

首先，输入过程和服务时间可以分别使用一个分布来表示：一般，M 表示到达为泊松过程或服务时间为负指数分布，G 表示一般分布，D 表示确定性分布等等。在排队方式和队列的内容中主要包括服务员的数目，系统中等待顾客的排队方式和队列的容量等。排队的方式可以有先进先出（FIFO）、后进先出（LIFO）、优先级服务和随机服务等不同方式。队列的容量表示系统中对顾客总数的限制，如果队列的容量和服务员数目相同，表明系统不可以等待为即时拒绝系统；如果队列的容量为无限大，系统为不拒绝等待系统等。关于不同排队系统的记法采用肯德尔（D. G. Kendall）的记号 $A/B/C/D/E$。A 表示输入过程；B 表示服务时间；C 表示服务员数目；D 表示系统的容量；E 表示排队规则，其中 D/E的缺省表示容量无限大和 FIFO 方式。

例如：$M/M/s$ 表示输入过程中，到达间隔 t_i服从参数为 λ 的负指数分布，或者为一个参数为 λ 的泊松过程，服务时间服从参数为 μ 的负指数分布；有 s 个服务员，系统的容量无限大，排队方式为 FIFO。

$G/G/1$ 表示输入过程 t_i服从一个一般 G 分布；服务时间服从一个一般 G 分布；有 1 个服务员，系统容量为无限大；排队方式为 FIFO 等。

对于排队系统,有两个重要的统计指标:到达率和离去率。到达率表示单位时间内到达排队系统的顾客数,而一个服务员的排队系统的离去率表示平均服务时间的倒数。

对于排队系统到达率 $\lambda=\frac{1}{E[t]}$,离去率 $\mu=\frac{1}{E[\tau]}$,有时离去率也被称为服务率。假设系统中的顾客数为队长,自然队长可以增加或减少,许多简单排队系统如 M/M 系统的队长变化实际上是一个生灭过程。以后许多排队系统的分析均会演变到不同的生灭过程。

对于排队系统的分析,主要希望得到3类指标:

(1) 队长。队长分布或其各种统计值及其估计。

(2) 等待时间。等待时间分布或其各种统计值及其估计。

(3) 忙期。即服务机构连续繁忙的时期。

系统队长是某时刻观察系统内的总顾客数,这是一个非负离散随机变量;等待时间是顾客从到达至开始被服务这段时间,是一个连续随机变量。一般来说,对于简单的排队系统,如 M/M 系统可以将上面3类指标的分布全部求得。当(1)、(2)、(3)的分布全部得到时,可以认为对排队系统有完整的了解。如果是复杂的排队系统,如 G/G 系统等,不但(1)、(2)、(3)的分布难以得到,甚至这些分布的统计值也只能做出上、下界来估计。

2.4.2 Little 公式

Little 公式描述了任意排队系统满足的关系,下面通过简单描述来说明该公式。考虑一个任意的排队系统,为了说明 Little 公式,首先定义:$A(t)$为在$(0,t)$内到达的顾客数;$B(t)$为在$(0,t)$内离开的顾客数;那么在 t 时刻系统内的顾客数为

$$N(t)=A(t)-B(t)$$

图2.6给出一个样本。

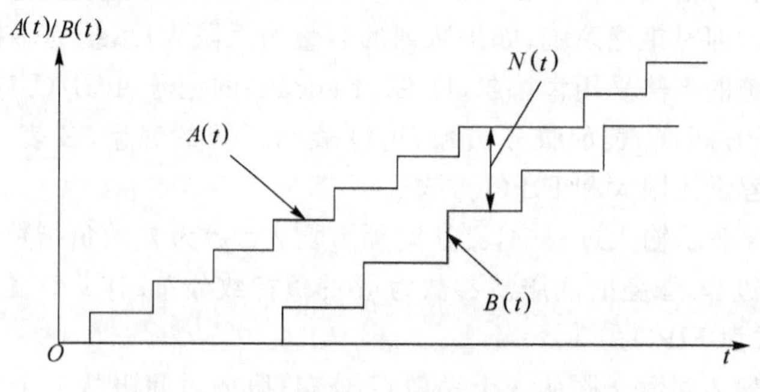

图2.6 到达过程 $A(t)$和离开过程 $B(t)$

$A(t)$ 和 $B(t)$ 之间的曲线面积为顾客在$(0,t)$内在系统内停留的时间总和，并且可以由 $S(t)=\int_0^t N(x)\mathrm{d}x$ 来计算。

假设 A_t表示$(0,t)$中平均到达的顾客数，λ 为顾客的到达率，则

$$A_t=\frac{A(t)}{t},\lim_{t\to\infty}A_t=\lambda$$

假设 N_t表示$(0,t)$中系统中的平均顾客数，N 表示系统中的平均顾客数，则

$$N_t=\frac{S(t)}{t},\lim_{t\to\infty}N_t=N$$

每个顾客在系统中的平均停留时间为

$$T_t=\frac{S(t)}{A(t)}$$

如果 T 表示顾客在系统中的平均时间，那么

$$\lim_{t\to\infty}T_t=T$$

因为 $T_t\cdot A_t=N_t$，则在 $t\to\infty$ 时，上面公式成为

$$N=\lambda T$$

定理 2.4 Little(列德尔)公式

如果 N 表示系统中的平均顾客数，T 表示顾客在系统中的平均时间(这个时间有时也被称为系统时间)，λ 表示单位时间到达系统的顾客数，则对于任意排队系统，有

$$N=\lambda T \tag{2.8}$$

上面结论可以证明对于任意排队系统都是正确的，直观意义就是一种平衡关系。

2.4.3 *M/M/1*

假设一个排队系统的到达过程是一个参数为 λ 的泊松过程，1 个服务员服务时间是参数为 μ 的负指数分布，等待的位置有无穷多个，排队的方式是 FIFO，则这个排队系统是 $M/M/1$。$M/M/1$ 是最简单的排队系统，下面通过对这个系统的分析来加深对排队系统的了解。

如果用系统中的顾客数 N 来表征系统的状态，容易验证这是一个生灭过程，并且

$$\lambda_k=\lambda,\quad k=0,1,2,\cdots$$

$$\mu_k=\begin{cases}\mu & k=1,2,\cdots\\ 0 & k=0\end{cases}$$

令 $\rho=\dfrac{\lambda}{\mu}$，根据生灭过程的性质，有

$$p_k=\rho^k p_0,\ k=0,1,2,\cdots$$

在 $\rho<1$ 时，有

$$p_0=\frac{1}{1+\sum_{k=1}^{\infty}\rho^k}=1-\rho$$

从而在 $\rho<1$ 时,得到 $M/M/1$ 的队长分布:

$$p_k=\rho^k(1-\rho),\quad k=0,1,2,\cdots \tag{2.9}$$

根据极限定理 2.3,$M/M/1$ 排队系统在 $\rho<1$ 时有稳态,并且队长分布服从式(2.9)。

稳态时,队长的均值和方差可以分别求解如下:

$$E[N]=\sum_{k=0}^{\infty}kp_k=(1-\rho)\sum_{k=0}^{\infty}k\rho^k=\frac{\rho}{1-\rho}$$

$$\mathrm{Var}[N]=\sum_{k=0}^{\infty}k^2p_k-(E[N])^2=\frac{\rho^2+\rho}{(1-\rho)^2}-\frac{\rho^2}{(1-\rho)^2}=\frac{\rho}{(1-\rho)^2}$$

$E[N]$和 $\mathrm{Var}[N]$在 $\rho\to1$ 时发散。

由 Little 公式,顾客停留在系统中的平均时间为

$$E[s]=\frac{\frac{\rho}{1-\rho}}{\lambda}=\frac{1}{\mu-\lambda}$$

假设$\{\pi_k\}$为顾客到达时看到的队长分布,这个分布在许多情形下不同于稳态分布$\{p_k\}$,不过在到达过程为泊松过程时,$\{\pi_k\}$和$\{p_k\}$是一样的。有了这样的说明,可以计算顾客在系统中停留时间 s 的分布。

假设 τ 为服务时间,w 为等待时间,s 为顾客在系统中的停留时间,也称之为系统时间,$s=w+\tau$。

定理 2.5 $M/M/1$ 排队系统在稳态时,系统时间 s 服从参数为 $\mu-\lambda$ 的负指数分布。

证明 根据全概率公式,则

$$p\{s<t\}=\sum_{k=0}^{\infty}p_k\{s<t\}\cdot\pi_k=\sum_{k=0}^{\infty}p_k\{s<t\}\cdot p_k$$

其中 $p_k\{s<t\}$表示系统中有 k 个顾客时,系统时间 s 小于 t 的概率。考虑到各个顾客的服务时间独立同分布,并且为负指数分布,当某顾客到达系统时,系统中有 k 个顾客,那么这个顾客的系统时间为:$k+1$ 个彼此独立的参数为 μ 的负指数分布的和。这个分布也被称为 $k+1$ 阶爱尔兰(Erlang)分布 E_{k+1},它的概率密度可以根据独立随机变量和的一般方法得到(留作习题),则

$$p_k(s<t)=\int_0^t\frac{(\mu x)^k}{k!}\mu\mathrm{e}^{-\mu x}\,\mathrm{d}x$$

最后

$$p(s<t)=\sum_{k=0}^{\infty}\left[\int_0^t\frac{(\mu x)^k}{k!}\mu\mathrm{e}^{-\mu x}\,\mathrm{d}x\right]\cdot(1-\rho)\rho^k$$

$$= \int_0^t \sum_{k=0}^{\infty} \frac{(\lambda x)^k}{k!}(1-\rho)\mu e^{-\mu x}\,dx$$
$$= 1 - e^{-(\mu-\lambda)t}$$

所以 s 服从参数为 $\mu-\lambda$ 的负指数分布，且 $E[s]=\frac{1}{\mu-\lambda}$和 Little 公式计算结果一致。

在求得 $M/M/1$ 的队长分布和系统时间分布后，对 $M/M/1$ 的稳态分析就基本完成。在对数据网络进行分析时，将使用 $M/M/1$ 系统对数据交换机的一个端口进行建模。下面分析 $M/M/1$ 的忙期。

当一个顾客到达空的 $M/M/1$ 排队系统时忙期开始，一直到服务台再一次变成空闲时，忙期才结束。如果用 $N(t)$表示时刻 t 系统中的顾客数，$N(t)$由 0 变成 1 时忙期开始，此后，$N(t)$第一次变回 0 时忙期结束。根据泊松过程和负指数分布的性质，忙期的长度与起点无关，不妨设 $t=0$ 为忙期的起点。

构造一个新的随机过程 $\widetilde{N}(t)$，它和 $N(t)$的区别在于状态 0 为吸收的，当过程转移到状态 0 后，整个过程就停止，不再发生转移。这个生灭过程的到达率和离去率为

$$\begin{cases}\lambda_0=0\\ \lambda_j=\lambda, \quad j=1,2,\cdots\\ \mu_j=\mu, \quad j=1,2,\cdots\end{cases} \tag{2.10}$$

这样，$\widetilde{N}(0)=1$，即 $t=0$ 时忙期开始，到 $\widetilde{N}(t)$变到 0 时忙期结束。记为

$$p\{\widetilde{N}(t)=j\}=q_j(t), \qquad j=0,1,2,\cdots$$

如忙期的长度为 d，则

$$p\{d<t\}=q_0(t)$$

根据式(2.10)建立状态的微分方程组，即

$$\begin{cases}q'_0(t)=\mu q_1(t)\\ q'_1(t)=-(\lambda+\mu)q_1(t)+\mu q_2(t)\\ q'_j(t)=\lambda q_{j-1}(t)-(\lambda+\mu)q_j(t)+\mu q_{j+1}(t), \quad j\geqslant 2\end{cases} \tag{2.11}$$

通过解上述微分方程组(2.11)，可求得忙期的概率密度为

$$q'_0(t)=\sqrt{\frac{\mu}{\lambda}}\frac{1}{t}e^{-(\lambda+\mu)t}I_1(2t\sqrt{\lambda\mu})$$

其中 $I_1(x)$为第一类贝塞尔函数。

如果只需求忙期的平均长度 $E[d]$，例 2.3 给出了一个简单的方法。

例 2.3 若 $\rho=\lambda/\mu<1$，求 $M/M/1$ 忙期的平均长度 $E[d]$。

解 对 $M/M/1$ 排队系统，整个时间轴可以分为：忙期和闲期，并且交替发生。

根据负指数分布的性质，闲期的平均长度 $I=1/\lambda$，在稳态时，系统空闲的概率 $p_0=1-\rho$，这样，从一个很长的时间来看，一个周期的平均长度为 $I+E[d]$，其中空闲的长度为

I,则

$$p_0=\frac{I}{I+E[d]}$$

从而

$$E[d]=\frac{1}{\mu-\lambda}$$

如果到达过程不是泊松过程,或服务时间不是负指数分布,排队系统的分析就要复杂一些。在 $M/G/1$ 或 $G/M/1$ 中,为了消除残余分布的影响,使用嵌入马尔可夫链来替代连续时间马尔可夫链进行分析。对于 G/G 系统的分析就更加复杂和困难。

排队系统除了稳态分析,还有瞬态分析等内容。瞬态分析考虑初始值的影响,由于瞬态分析依赖微分方程组而稳态分析依赖于线性方程组,瞬态分析的研究将比稳态分析复杂许多。

习　题　2

2.1　验证性质 2.4,并且说明性质 2.1 和性质 2.4 一致。

2.2　验证 $M/M/1$ 的状态变化为一个生灭过程。

2.3　对于一个概率分布$\{p_k\}$,令

$$g(X)=p_0+p_1X+p_2X^2+\cdots=\sum_{k=0}^{\infty}p_kX^k$$

称为分布$\{p_k\}$的母函数。利用母函数求 $M/M/1$ 队长的均值和方差。

2.4　两个随机变量 X,Y 取非负整数值,并且相互独立,令 $Z=X+Y$,证明:Z 的母函数为 X,Y 母函数之积。根据这个性质重新证明性质 2.1。

2.5　如果一个连续分布满足无记忆特性,证明它就是负指数分布。

2.6　对于一个任意排队系统,λ 为到达率,μ 为离去率,定义:$a=\dfrac{\lambda}{\mu}$,如果 $a<1$,那么系统中空闲的概率 $p_0=1-a$。

2.7　求 $k+1$ 阶爱尔兰分布 E_{k+1} 的概率密度。

2.8　考虑一个生灭过程,其各个状态的出生率和死亡率分别为

$$\lambda_k=\lambda,\ \mu_k=0,\ k=0,1,2,\cdots$$

这个生灭过程叫做纯生过程。如果初始值 $p_0(0)=1,p_k(0)=0,k=1,2,3,\cdots$根据柯尔莫哥洛夫方程组求各个时刻的状态概率 $p_k(t)$。

2.9　考虑一个广义泊松过程,其到达率随时间不断变化,如果在任意区间$[t,t+\Delta t]$到达一个的概率为$\lambda(t)\Delta t+o(\Delta t)$,到达两个和两个以上的概率为 $o(\Delta t)$,如果 $p_j(t)$表示在$(0,t)$到达 j 个顾客的概率,请证明:

$$p_j(t)=\frac{[\Lambda(t)]^j}{j!}e^{-\Lambda(t)},\quad j=0,1,\cdots \text{且} \Lambda(t)=\int_0^t \lambda(x)\mathrm{d}x$$

2.10 对于 $M/M/1$ 排队系统，$\rho=\lambda/\mu<1$。考虑一个有 n 个顾客的忙期 T，证明：T 的概率密度为

$$f_n(t)=\lambda^{n-1}\mu^n e^{-(\lambda+\mu)t}\cdot\frac{t^{2n-2}}{n!\cdot(n-1)!}$$

2.11 有一个泊松过程，假设 t 以前有 n 个顾客到达，证明这 n 个顾客发生时刻为均匀随机变量，分布在 $(0,t)$ 之间。

第3章 爱尔兰拒绝和等待系统

3.1 概 述

通信网络中的终端有许多类型,有些终端是恒定速率,有些终端是变速率,每个终端进入网络的信息流具有时间不确定因素,不会有什么规律性;但是大量终端的信息流经过接入网进入网络后,会表现出一定的统计规律性。进入公网后,信息流是随机的,但是有一定的规律。许多公共网络资源(如信道和交换设备等)被不同终端竞争使用,由于信息流的随机性可能在一定时候使用达到高峰,网络无资源可用,网络或者拒绝使用请求或出现排队等待现象。在实际的通信系统中,呼叫遇到无可用资源时,有两种典型的处理方法:第一种是立即拒绝该呼叫,如电话交换系统;第二种方法为让该呼叫等待,直到有可用资源时再接受服务,如数据交换系统。在本章中将要对这些不同的交换系统建立起排队系统模型,并进行性能分析。

首先,需要定义电话网中的各种基本指标。如图3.1所示,交换系统有 s 条中继线,电话呼叫流的到达率为 λ。每到达一个呼叫,如果有任何一条中继线空闲,这个呼叫就可以占用这条中继线,并完成接续;当系统中的 s 条中继线全部繁忙时,该呼叫被拒绝。

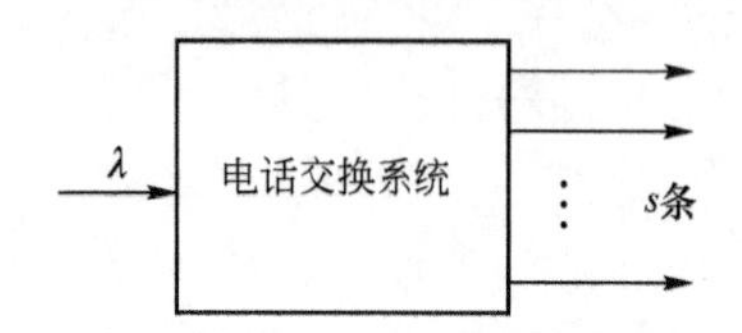

图3.1 电话交换系统

定义 3.1 业务量:业务量描述了在一定时间内,该 s 条线路被占用的总时间。

如果第 r 条信道被占用 Q_r 秒,则 s 条信道上的业务量为

$$Q = \sum_{r=1}^{s} Q_r \tag{3.1}$$

如果换一种角度,上述业务量 Q 的计算可以表达为

$$Q = \int_{t_0}^{t_0+T} R(t)\,\mathrm{d}t \tag{3.2}$$

其中 t_0 为观察起点,T 为观察时长,$R(t)$ 为时刻 t 被占用的信道数,这是一个取值在 0 到 s 之间的随机变量。

上述定义的业务量与观察时长 T 密切相关,下面定义的呼叫量或话务量与观察时长无关。呼叫量一般用来近似表达电话呼叫流的大小。

定义 3.2　呼叫量：

$$呼叫量=\frac{业务量}{观察时间}=\frac{Q}{T}$$

呼叫量的单位为 erl，这是一个无量纲的单位。

实际上，在图 3.1 中，在一段时间 T 内通过的话务量就是该时段内被占用的平均中继数。

实际网络中，$R(t)$是非平稳的。每个小时的呼叫量会不停地变化，通常一天中最忙的一小时内的呼叫量为日呼叫量；每日的呼叫量也会变化，通常在一年内取较忙的 30 天，这些天日呼叫量的平均值为年呼叫量。

对于从外界到达交换系统的呼叫流，一种为无限话源，这类信源可以用泊松过程来描述，系统比较简单，被称为爱尔兰(Erlang)系统；另一种为有限话源，这类信源用纯生过程来描述，系统相对复杂，被称为恩格谢特(Engset)系统。

现在来考虑电话网的时间阻塞率和呼损，这是两个重要的性能指标，当图 3.1 中的 s 条中继线全部繁忙时，系统处于阻塞状态。系统处于阻塞状态的时间和观察时间的比例称为时间阻塞率。

定义 3.3　时间阻塞率：

$$p_s=\frac{阻塞时间}{观察时间} \tag{3.3}$$

定义 3.4　呼叫阻塞率：拒绝呼叫的次数占总呼叫次数的比例，即

$$p_c=\frac{被拒绝的呼叫次数}{总呼叫次数} \tag{3.4}$$

在实际应用中，呼叫阻塞率也被称为呼损。

一般 $p_s \approx p_c$，如果到达的呼叫流为泊松过程，有 $p_s=p_c$。稍后将对交换系统建立模型，计算其时间阻塞率，进而近似计算任意端对端呼损和全网的平均呼损。掌握计算局部的呼损的爱尔兰公式和恩格谢特公式是本章的重要目标。

下面对数据交换系统进行一些说明。在图 3.2 中，有 p 条入线和 q 条出线。在数据网络中，信息一般被截为变长分组，在每条入线 i 上，有不同的到达率 λ_i。分组包在到达交换系统后，根据路由表完成交换到达相应的出口 j。但是因为难以避免的出线冲突，会有不同的入口来的信息包希望同时去同一出线，产生竞争，这些包将在相应的出口排成一个队列，依照次序轮流得到服务。

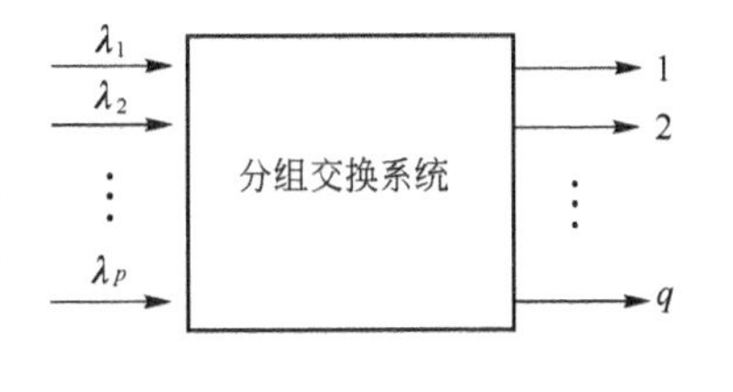

图 3.2　分组交换系统

数据包在穿越交换机时将经历一段延迟，其中包含交换时延、排队时延和服务时延。在这些时延中，交换时延一般固定且较小，排队时延可变，排队时延和服务时延是时延中最重要的部分，它们的和称为系统时间。对于数据网

络，首先需要分析数据包穿越一个交换机的系统时间。

对于数据网络，有不同的工作方式，包括面向连接和无连接两种主要方式。本书将对面向连接的数据网络，对其交换系统建立模型，分析其系统时间，进而计算网络任意端对端的时延，然后计算全网的平均系统时间或平均时延。

电话网络和面向连接的数据网络分别使用平均呼损和平均时延作为性能评估的重要指标。关于它们的计算可以做如下简单考虑：

如果网络用图 $G=(V,E)$ 表示，$|V|=n$，$|E|=m$。一般能够了解任意端对端的呼叫量和信息包的到达率，如果能够计算任意端对端之间的呼损或时延，则可以按照式(3.5)或(3.6)分别计算网络平均呼损和平均时延。

如果任意两点之间的呼叫量为 $a_{i,j}$ $(1\leqslant i,j\leqslant n)$，它们之间的呼损为 $p_{i,j}$ $(1\leqslant i,j\leqslant n)$ 则

$$\text{全网平均呼损}=\frac{\sum\limits_{i<j} a_{i,j}p_{i,j}}{\sum\limits_{i<j} a_{i,j}} \tag{3.5}$$

如果任意两点之间信息包的到达率为 $\lambda_{i,j}$ $(1\leqslant i,j\leqslant n)$，它们之间的延迟为 $T_{i,j}$ $(1\leqslant i,j\leqslant n)$，则

$$\text{全网平均延迟}=\frac{\sum\limits_{i\neq j}\lambda_{i,j}T_{i,j}}{\sum\limits_{i\neq j}\lambda_{i,j}} \tag{3.6}$$

如果能够计算网络的平均呼损和平均时延，将为网络优化建立基础。

3.2 爱尔兰即时拒绝系统

对于图 3.1 中的电话交换系统，如果 λ 为呼叫的到达率，并且每个呼叫可以到达任意一个空闲的中继线。现在假设电话呼叫流的到来服从泊松过程，每个呼叫的持续时间服从参数 μ 的负指数分布。系统有 s 条中继线，如果没有空闲的中继线，就拒绝新来的呼叫，并且被拒绝的呼叫不再进入系统。在这样的情况下，该系统的排队系统模型为 $M/M/s(s)$。

这个排队系统是一个特殊的生灭过程，其状态转移图如图 3.3 所示。

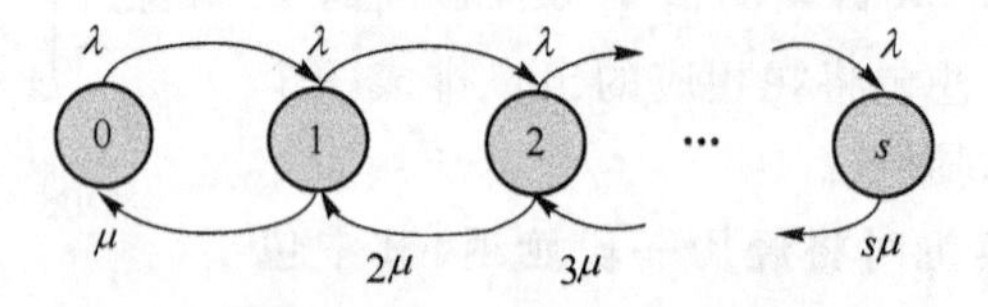

图 3.3　$M/M/s(s)$状态转移图

这样该生灭过程的到达率和离去率分别如下：

$$\lambda_k=\begin{cases}\lambda & k=0,1,\cdots,s-1\\0 & k\geqslant s\end{cases} \tag{3.7}$$

$$\mu_k=\begin{cases}k\mu & k=1,\cdots,s\\0 & k>s\end{cases} \tag{3.8}$$

根据生灭过程的稳态分布(2.7)，得到：

$$p_k=\frac{1}{k!}\left(\frac{\lambda}{\mu}\right)^k p_0,\quad k=1,2,\cdots,s$$

令 $a=\lambda/\mu$，代入上面的稳态分布中得到：

$$p_k=\frac{a^k}{k!}p_0,\quad k=0,1,2,\cdots,s$$

根据概率归一性，$\sum\limits_{k=0}^{s}p_k=1$，解得

$$p_0=\frac{1}{\sum\limits_{r=0}^{s}\frac{a^r}{r!}}$$

从而稳态分布为

$$p_k=\frac{a^k/k!}{\sum\limits_{r=0}^{s}\frac{a^r}{r!}},\quad k=0,1,2,\cdots,s \tag{3.9}$$

特别，当 $k=s$ 时，p_s 表达了中继线全忙的概率，这个概率为系统的时间阻塞率：

$$p_s=\frac{a^s/s!}{\sum\limits_{r=0}^{s}\frac{a^r}{r!}},\quad a=\frac{\lambda}{\mu}$$

有时，为了强调 a,s，公式中的 p_s 也用 $B(s,a)$ 表达。

$$B(s,a)=\frac{a^s/s!}{\sum\limits_{r=0}^{s}\frac{a^r}{r!}},\quad a=\frac{\lambda}{\mu} \tag{3.10}$$

公式(3.10)为著名的爱尔兰公式，由 A. K. Erlang 在 1917 年得到。公式中 $a=\lambda/\mu$ 的意义是到达交换机的总呼叫量，这个事实将在例 3.1 中说明。虽然这个公式的推导在这里需要假设呼叫持续时间服从负指数分布，但后来有人证明了这个公式对服务时间的分布没有要求，对任意分布都成立。

在爱尔兰公式的推导中，假设每个呼叫可以到达任意一个空闲的中继线，这种系统被称为全利用度系统。如果呼叫不能到达任意一个空闲的中继线，而只能到达部分中继线，则这个系统称为部分利用度系统。实际应用中，由于各种原因部分利用度系统很常见。如果是部分利用度系统，时间阻塞率或呼损的计算比较复杂，有一些近似公式可以计算，在例 4.6 中有一个近似计算的例子。由于部分利用度系统利用率低，部分利用度系统的呼损会大于相应全利用度系统的呼损。

爱尔兰公式计算出图 3.1 中交换系统的时间阻塞率，对于某个具体的电话交换系统，考虑到 a 为客观值，爱尔兰公式表达了 $B(s,a)$ 和 s 的关系，为电话网络的规划和中继线容量配置奠定了基础，具有伟大的历史意义。

$a=\lambda/\mu$ 为到达交换机的总呼叫量，这个呼叫量和交换机无关，并且这个呼叫量会被拒绝一部分，a 的单位应该是前面定义呼叫量的单位 erl，这个事实可以从例 3.1 看出。

例 3.1 计算 $M/M/\infty$ 排队系统的平均队长。

解 $M/M/\infty$ 为一个虚拟系统，有 ∞ 个中继线。到达的呼叫流是参数 λ 的泊松过程，呼叫持续时间服从参数为 μ 负指数分布。由于有 ∞ 个服务员或中继线，系统一定有稳态分布，取系统中的呼叫数为状态变量，这个排队系统是一个生灭过程。状态转移图如图 3.4 所示。

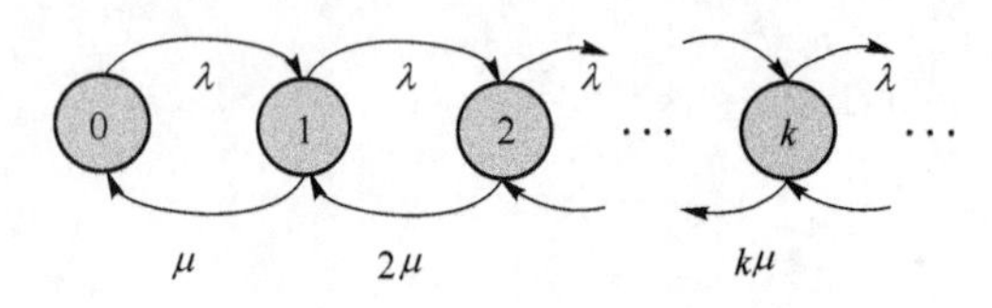

图 3.4 例 3.1 状态转移图

各状态的到达率和离去率如下：

$$\lambda_k=\lambda,\quad k\geqslant 0$$
$$\mu_k=k\mu,\quad k\geqslant 1 \tag{3.11}$$

由生灭过程(2.7)，设 $a=\lambda/\mu$，则

$$p_k=\left(\frac{\lambda}{\mu}\right)^k\cdot\frac{1}{k!}\cdot p_0=\frac{a^k}{k!}p_0,\quad k\geqslant 1$$

根据概率归一性，$\sum\limits_{k=0}^{\infty}p_k=1$，则

$$p_0=\mathrm{e}^{-a}$$

从而稳态分布为

$$p_k=\frac{a^k}{k!}\mathrm{e}^{-a},\qquad k\geqslant 0 \tag{3.12}$$

上式中的 $\{p_k\}$ 服从参数为 a 的泊松分布，如果 N 为系统中的呼叫数，则其平均队长 $E[N]$ 和方差 $\mathrm{Var}[N]$ 同为 a。平均队长为 a 表明通过的呼叫量为 a，由于没有拒绝，说明图 3.1 中到达的总呼叫量也为 a。

$M/M/s(s)$ 通过呼叫量的计算过程可以参见例 3.2。

例 3.2 计算图 3.1 中的通过呼叫量。

解 通过的呼叫量是被占用的平均中继线数。

考虑到稳态分布为

$$p_k=\frac{a^k/k!}{\sum\limits_{r=0}^{s}\frac{a^r}{r!}}$$

通过的呼叫量为

$$a' = \sum_{k=1}^{s} k \cdot p_k = \frac{\sum_{k=1}^{s} \frac{a^k}{(k-1)!}}{\sum_{k=0}^{s} \frac{a^k}{k!}} = a(1 - p_s)$$

$$= a[1 - B(s,a)] \tag{3.13}$$

上式的计算结果有简明的直观意义，如图 3.5 所示。a 为到达的总呼叫量，a'为通过的呼叫量，a 和 a'的关系可以由式(3.13)来决定，即

$$a'=a[1-B(s,a)]$$

同时，被拒绝的呼叫量为

$$a-a'=aB(s,a) \tag{3.14}$$

被拒绝的呼叫量有时也被称为溢出话务量。

a → 电话交换系统 → a'

图 3.5　通过的呼叫量

每条中继线平均承载的呼叫量为

$$\eta = \eta_s = \frac{a'}{s}$$

η 值也度量了 s 条中继线的利用率或效率。

例 3.3　大群化效应

根据爱尔兰公式计算得，$B(30,21.9)=0.02$，$B(10,5.08)=0.02$。也就是说，如果时间阻塞率为 0.02，30 条中继线可以承载 21.9 erl 的呼叫量，而 10 条中继线可以承载 5.08 erl的呼叫量。显然后者承载的呼叫量远小于前者的 1/3。

在同样时间阻塞率下，分散的中继线群承载的总呼叫量小于中继线集中后承载的呼叫量，在实践中，将这种集中效应称为大群化效应，我们应该利用这种效应尽可能地将分散的呼叫流集中，以获得这种好处。

但这种集中也有负面影响，因为呼叫量可能会波动，在同样的波动水平下，大容量的中继线群上的呼损将上升较多。具体计算留作习题。

在例 3.3中的两种情况下，效率是不一样的，效率高的中继线群对呼叫量的波动更加敏感。

$$\eta_{30} = \frac{21.9 \times (1-0.02)}{30} = 0.7154 \quad 爱尔兰/线$$

$$\eta_{10} = \frac{5.08 \times (1-0.02)}{10} = 0.4978 \quad 爱尔兰/线$$

上面的计算说明在同样的呼损下，小中继线群效率较低。

例 3.4　在图 3.1 的中继线群中，如果将中继线依次编号为 $1,2,\cdots,s$，并且严格按顺序使用。请计算每条中继线的通过呼叫量。

解　对任意 $k(1 \leqslant k < s)$，根据中继线的使用规则，在 $1,2,\cdots,k$ 这 k 条中继线上的溢出呼叫量将由 $k+1,k+2,\cdots,s$ 这些中继线来承载。

根据式(3.13)，有

- $1,2,\cdots,k-1$ 这 $k-1$ 条中继线通过的呼叫量为 $a[1-B(k-1,a)]$；
- $1,2,\cdots,k$ 这 k 条中继线上通过的呼叫量为 $a[1-B(k,a)]$。

所以，第 k 条中继线通过的呼叫量为

$$\begin{aligned} a_k &= a[1-B(k,a)]-a[1-B(k-1,a)] \\ &= a[B(k-1,a)-B(k,a)] \end{aligned}$$

这样，第 k 条中继线通过的呼叫量为

$$a_k = a[B(k-1,a)-B(k,a)], 1\leqslant k\leqslant s, 且\ B(0,a)=1 \tag{3.15}$$

前面计算的 η_s 为随机占用中继线的情况下，每条线的效率或通过的呼叫量。

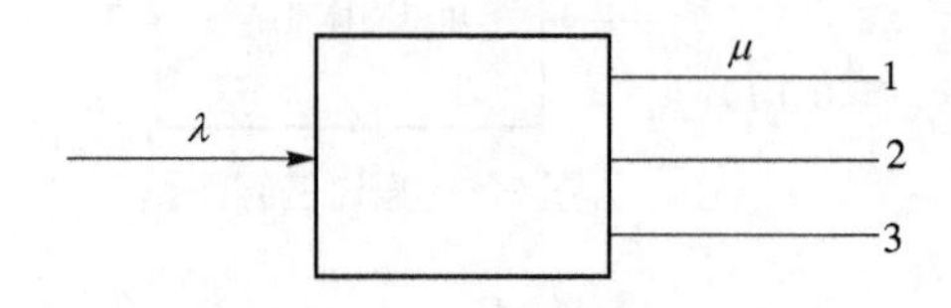

图 3.6　主备线即时拒绝系统

例 3.5　分析一个如图 3.6 所示的主备线即时拒绝系统，呼叫到达是一个参数为 λ 的泊松过程；服务时间是参数 μ 的负指数分布，中继线 1 和 2 优先使用，只有在 1 和 2 均忙时，才使用中继线 3。求系统的稳态方程和时间阻塞率。

解　用 (x,y) 表示系统的状态，其中 $x=0,1,2$ 表示中继线 1 和 2 中的呼叫数；$y=0,1$ 表示中继线 3 中的呼叫数。状态图转移图如图 3.7 所示。

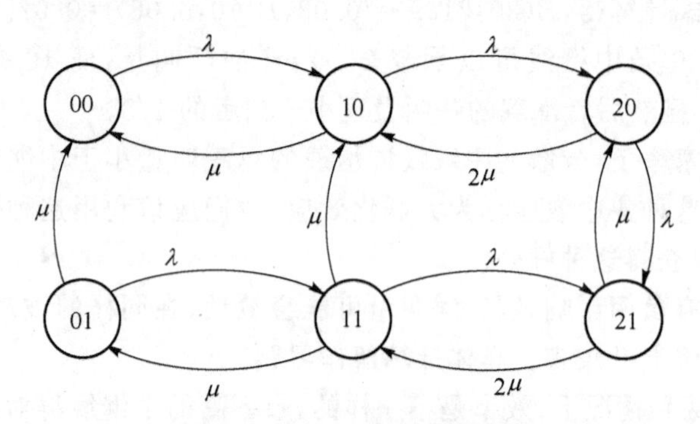

图 3.7　例 3.5 的状态转移图

稳态方程如下：

$$\begin{cases} \lambda p_{00} = \mu(p_{01}+p_{10}) \\ (\lambda+\mu)p_{10} = \lambda p_{00}+2\mu p_{20}+\mu p_{11} \\ (\lambda+2\mu)p_{20} = \lambda p_{10}+\mu p_{21} \\ (\lambda+\mu)p_{01} = \mu p_{11} \\ (\lambda+2\mu)p_{11} = \lambda p_{01}+2\mu p_{21} \\ 3\mu p_{21} = \lambda p_{20}+\lambda p_{11} \end{cases} \tag{3.16}$$

同时还满足概率归一性：

$$p_{00}+p_{10}+p_{20}+p_{01}+p_{11}+p_{21}=1$$

解上述线性方程即可求得稳态分布，其中 p_{21} 为系统的时间阻塞率。

例 3.5 中主备线实际上是中继线的某种使用顺序，如果将上述 3 条中继线看作一个整体，这实际是一个 $M/M/3(3)$，则

$$p_{21}=B(3,a)$$

其中 $a=\lambda/\mu$。

3.3 爱尔兰等待制系统

对于图 3.8 中的等待系统，如果 λ 为呼叫流的到达率，并且呼叫可以到达 s 中任意一个空闲的中继线。现在假设呼叫流的到来服从参数为 λ 的泊松过程，每个呼叫的持续时间服从参数为 μ 的负指数分布。系统有 s 条中继线，如果呼叫到来时系统中没有空闲的中继线，该呼叫并不被拒绝，而是等待。如果假设这个系统的等待位置可以是∞，则该系统的模型为 $M/M/s$。

对于这个系统的分析，首先需要计算稳态分布，然后计算一个呼叫到来时需要等待的概率，其次需要了解等待时间的分布、均值等。这个系统是一个生灭过程，状态转移如图 3.9 所示，其中 $k\leqslant s, k^*>s$。

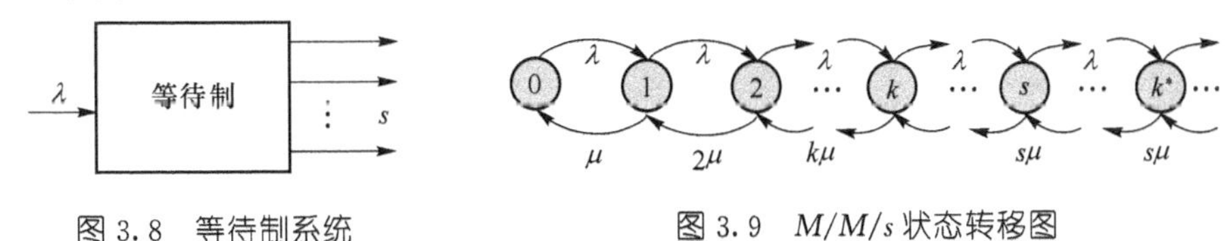

图 3.8 等待制系统　　图 3.9 $M/M/s$ 状态转移图

该生灭过程各个状态的到达率和离去率如下：

$$\lambda_k=\lambda, \quad k=0,1,2\cdots$$

$$\mu_k=\begin{cases} k\mu & k=1,2,\cdots,s-1 \\ s\mu & k\geqslant s \end{cases}$$

假设 $\{p_k\}$ 为稳态分布，$a=\dfrac{\lambda}{\mu}$，则

$$p_k=\begin{cases} \dfrac{a^k}{k!}p_0 & 0\leqslant k<s \\ \dfrac{a^k}{s!\ s^{k-s}}p_0 & k\geqslant s \end{cases} \tag{3.17}$$

根据概率归一性，$\sum\limits_{k=0}^{\infty}p_k=1$，则

$$\frac{1}{p_0}=\sum_{k=0}^{s-1}\frac{a^k}{k!}+\frac{a^s}{s!}\sum_{k=s}^{\infty}\left(\frac{a}{s}\right)^{k-s}$$

在 $a<s$ 的条件下，该系统有稳态，并且

$$p_0=\frac{1}{\sum_{k=0}^{s-1}\frac{a^k}{k!}+\frac{a^s}{s!}\frac{1}{1-a/s}} \tag{3.18}$$

式(3.17)和(3.18)给出了 $M/M/s$ 系统的稳态分布。

如果 w 为呼叫需要等待的时间，下面计算概率 $p\{w>0\}$。为了计算 $p\{w>0\}$，需要说明一个事实，它的证明在 3.4 节中给出。

考虑呼叫到达系统的瞬间，不算该呼叫，系统的状态分布为 $\{\pi_k\}$。一般来说，$\{\pi_k\}$ 与 $\{p_k\}$ 是不同的，但是如果到达的呼叫流为泊松过程，则

$$\pi_k=p_k, k=1,2,\cdots \tag{3.19}$$

一个呼叫到来时，当系统处于状态 $k(k\geqslant s)$ 时，呼叫需要等待，需要等待的概率计算如下：

$$p\{w>0\}=\sum_{k=s}^{\infty}\pi_k=\sum_{k=s}^{\infty}p_k=\frac{a^s}{s!}p_0\sum_{k=s}^{\infty}\left(\frac{a}{s}\right)^{k-s}=\frac{a^s}{s!}\frac{p_0}{1-a/s}, a<s$$

上式一般被记为

$$C(s,a)=\frac{a^s}{s!}\frac{p_0}{1-a/s} \tag{3.20}$$

其中 p_0 由式(3.18)给出。

这个公式一般被称为爱尔兰 C 公式，用来计算一个呼叫需要等待的概率。而前面的公式(3.10)被称为爱尔兰 B 公式。在 $a<s$ 的条件下，$M/M/s$ 系统有稳态，图 3.8 中的通过呼叫量由于该系统不拒绝呼叫，应该为 a。

例 3.6 计算在 $a<s$ 的条件下，$M/M/s$ 系统的通过呼叫量。

解 通过呼叫量为

$$\begin{aligned} a' &= \sum_{k=1}^{s-1}kp_k+s\sum_{k=s}^{\infty}p_k=\sum_{k=1}^{s-1}\frac{a^k}{(k-1)!}p_0+s\sum_{k=s}^{\infty}p_k \\ &= a-ap_{s-1}+(s-a)\sum_{k=s}^{\infty}p_k=a \end{aligned}$$

下面通过 Little 公式计算平均等待时间 $E[w]$，事实上，在 3.4 节中，将求得 w 的分布。首先，求系统中的平均呼叫数：

$$E[N]=\sum_{k=0}^{\infty}kp_k=\sum_{k=0}^{s}k\frac{a^k}{k!}p_0+\sum_{k=s+1}^{\infty}\frac{ka^k}{s!s^{k-s}}p_0$$

经过整理得

$$E[N]=\frac{\rho}{1-\rho}C(s,a)+s\rho=\frac{\rho}{1-\rho}C(s,a)+a \tag{3.21}$$

其中 $\rho=a/s<1$。

根据例 3.6，通过的呼叫量为 a，这也是系统中忙的中继线的平均数，所以，式(3.21)中，$\frac{\rho}{1-\rho}C(s,a)$ 为等待队列中的平均呼叫数。

根据 Little 公式，平均等待时间为

$$E[w]=\left[\frac{\rho}{1-\rho}C(s,a)\right]\Big/\lambda=\frac{C(s,a)}{s\mu(1-\rho)} \tag{3.22}$$

例 3.7 如果 $a=25$ erl，呼损 $B(s,a)=0.01$，则需要多少中继线？平均每条线的通过呼叫量为多少？拒绝的呼叫量为多少？如果 $C(s,a)=0.01$，每个呼叫平均持续时间 $1/\mu=180$ s，需要多少条中继线？平均每条线通过的呼叫量为多少？平均等待时间为多少？

解 当 $a=25$ erl，$B(s,a)\leqslant 0.01$ 时，计算或者查表得

$$s=36$$

$$\text{拒绝的呼叫量}=25\times 0.01=0.25 \text{ erl}$$

$$\text{平均每条线通过的呼叫量}=a'/s=25\times(1-0.01)/36=0.69 \text{ erl}$$

如果 $a=25$ erl，$C(s,a)=0.01$，计算或者查表得

$$s=39$$

$$\text{平均每条线通过的呼叫量}=a'/s-25/39=0.64 \text{ erl}$$

系统中的平均呼叫数为

$$E[N]=\frac{\rho}{1-\rho}C(s,a)+s\rho=\frac{0.64}{1-0.64}\times 0.01+25=25.02 \text{ 个}$$

平均等待时间为

$$E[w]=\frac{0.01\times 180}{39\times(1-0.64)}=0.128 \text{ s}$$

例 3.8 分组交换系统的时间分析。

解 数据分组或包在进入交换系统后，依照路由表完成交换。由于出线冲突等原因，数据分组将会排队等待服务，出端排队是一种较为常见的形式。如图 3.10 所示，到达的数据分组流服从参数 λ 的泊松过程，c 表示线路速率。数据包长度为变长，平均包长为 b，假设包长度服从负指数分布，这样，服务时间也就服从负指数分布，且平均服务时间 $1/\mu=b/c$。

数据业务对语义透明性要求较高，在网络正常工作时，图 3.10 中的存储器溢出概率很小，可以近似认为存储器无限大。从而，交换机的每个出线可以用一个 $M/M/1$ 系统模拟。根据定理 2.5，$M/M/1$ 的系统时间 s 可以由下面公式计算：

$$E[s]=\frac{1}{\mu-\lambda}=\frac{1}{c/b-\lambda} \tag{3.23}$$

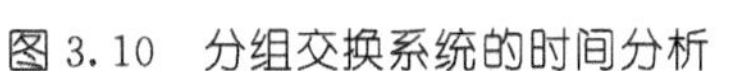

图 3.10 分组交换系统的时间分析

包在穿过交换机时，上式中的 s 将是数据包经历的主要时间。需要注意的是在式(3.23)中，没有考虑包的开销对时间的影响。

如果为了对数据包进行差错控制，要经历逐段反馈重发，包经历的时间延迟的计算会比较复杂。考虑到现代网络一般使用光纤为传输媒介，网络已将差错控制交给用户层完成，反馈重发一般为端对端的形式。网络层一般最多做一些差错监测，而不负责差错控

制。这样，计算时间时可以不考虑差错控制的影响。如果考虑包的开销和网络中的控制，网络模型会复杂一些。

3.4 一般混合制的 $M/M/s(n)$ 系统

3.4.1 $M/M/s(n)$ 的稳态分布

现在考虑一般的 $M/M/s(n)$ 排队系统，这个系统有 s 个服务员，但系统的容量为 n。呼叫在到达系统时，如果有任何一个空闲的中继线，可以立刻得到服务，而系统如果已有 n 个呼叫，新到的呼叫就会被拒绝。如果到达的呼叫流为参数 λ 的泊松过程，服务时间服从参数为 μ 的负指数分布，则这个系统是一个生灭过程，各状态的参数如式(3.24)、(3.25)所示。状态转移图如图 3.11 所示。

$$\lambda_k=\begin{cases}\lambda & 0\leqslant k<n\\ 0 & k\geqslant n\end{cases} \tag{3.24}$$

$$\mu_k=\begin{cases}k\mu & 1\leqslant k<s\\ s\mu & s\leqslant k\leqslant n\\ 0 & k>n\end{cases} \tag{3.25}$$

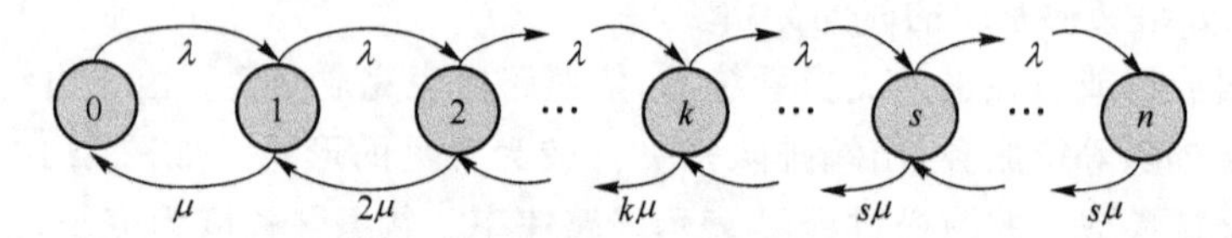

图 3.11 $M/M/s(n)$ 状态转移图

从而根据式(2.7)可知，稳态分布为

$$p_k=\begin{cases}\dfrac{a^k}{k\,!}p_0 & 0\leqslant k<s\\ \dfrac{a^k}{s\,!\,s^{k-s}}p_0 & s\leqslant k\leqslant n\text{，其中 } a=\lambda/\mu\end{cases} \tag{3.26}$$

根据概率归一性，求得

$$\frac{1}{p_0}=\sum_{k=0}^{s-1}\frac{a^k}{k\,!}+\frac{a^s}{s\,!}\cdot\frac{s}{s-a}\left[1-\left(\frac{a}{s}\right)^{n-s+1}\right] \tag{3.27}$$

式(3.26)和(3.27)给出了 $M/M/s(n)$ 的稳态分布。特别的，呼叫需要等待的概率为

$$p\{w>0\}=C_n(s,a)=\sum_{k=s}^{n}p_k=\frac{a^s}{s\,!}\frac{s}{s-a}\left[1-\left(\frac{a}{s}\right)^{n-s+1}\right]p_0$$

当 $n\to\infty$ 时，$C_n(s,a)\to C(s,a)$。

时间阻塞率 p_n 为

$$p_n = B_n(s,a) = \frac{a^n}{s!\ s^{n-s}} p_0$$

当 $n=s$ 时，$B_n(s,a)=B(s,a)$。

M/M/s(n)排队系统是一个混合系统，既可以允许呼叫等待，又有一定的容量限制，随着系统中 s 和 n 取不同的值，会得到不同的排队系统。

3.4.2* 系统在呼叫到达时刻序列时的稳态分布 $\{\pi_k\}$

式(3.26)和(3.27)给出了排队系统 $M/M/s(n)$ 的稳态分布 $\{p_k\}(0\leqslant k\leqslant n)$，这个分布实际是稳态时随机观察系统得到的队长分布。考虑一个特殊离散时刻序列，即呼叫到达时刻序列，不包括到来的呼叫，此时系统中呼叫数目的分布一般不同于 $\{p_k\}$，假设这个分布为 $\{\pi_k\}$。了解 $\{\pi_k\}$ 的目的之一是计算呼叫等待时间的分布。另外，对于系统 $M/M/s(n)$，需要特别注意 π_n 其实就是前面定义的呼损。

假设系统的到达过程为一个一般的生灭过程，并且 $N(t)$ 表示时刻 t 时系统的状态。令 $p_j(t)=p\{N(t)=j\}$ 表示在时刻 t 时系统有 j 个呼叫的概率，令 $A(t,t+\Delta t)$ 表示在 $(t,t+\Delta t)$ 中到来的一个呼叫这样一个事件，根据 $\{\pi_k\}$ 的定义：

$$\pi_j(t)=p\{N(t)=j \mid \text{下一个瞬间有呼叫到达}\}$$

则

$$\pi_j(t)=\lim_{\Delta t\to 0} p\{N(t)=j \mid A(t,t+\Delta t)\}$$

根据贝叶斯公式，有

$$p\{N(t)=j \mid A(t,t+\Delta t)\} = \frac{p\{A(t,t+\Delta t) \mid N(t)=j\} p_j(t)}{\sum_{k=0}^{\infty} p\{A(t,t+\Delta t) \mid N(t)=k\} p_k(t)}$$

则

$$\pi_j(t) = \lim_{\Delta t\to 0} \frac{p\{A(t,t+\Delta t) \mid N(t)=j\} p_j(t)}{\sum_{k=0}^{\infty} p\{A(t,t+\Delta t) \mid N(t)=k\} p_k(t)}$$

如果到达过程为一个一般生灭过程，则

$$p\{A(t,t+\Delta t) \mid N(t)=j\} = \lambda_j \cdot \Delta t + o(\Delta t)$$

所以

$$\pi_j(t) = \lim_{\Delta t\to 0} \frac{[\lambda_j \cdot \Delta t + o(\Delta t)] p_j(t)}{\sum_{k=0}^{\infty} [\lambda_k \cdot \Delta t + o(\Delta t)] p_k(t)} = \frac{\lambda_j \cdot p_j(t)}{\sum_{k=0}^{\infty} \lambda_k \cdot p_k(t)}$$

对一般的生灭过程，当然 $p_j(t)\neq \pi_j(t)$。

如果到达过程为泊松过程，则对任意 j，都有 $\lambda_j(t)=\lambda$，代入则对任意的 j，有

$$p_j(t)=\pi_j(t) \tag{3.28}$$

并且当 $t\to\infty$时，对任意的 j，有

$$p_j=\pi_j \tag{3.29}$$

对于泊松过程而言，$\{\pi_k\}$和$\{p_k\}$是一致的。在一般的排队系统分析中，另外一个经常考虑的特殊离散时刻序列是呼叫服务完毕时刻序列，这个瞬间看到系统的队长分布(不包括正离开的呼叫)在 $M/G/1$ 的讨论中有重要的意义。在 $M/G/1$ 和 $G/M/1$ 的分析中，正是利用这些特殊时刻序列完成对系统的分析，巧妙地解决了一般分布的残余分布的困难。

3.4.3 M/M/s(n)等待时间的分布

对于排队系统，除了队长分布，另外一个最重要的指标是呼叫的等待时间分布。对于任意 $t>0$，考虑计算 $p\{w>t\}$，利用分布$\{\pi_k\}$，有

$$p\{w>t\}=\sum_{k=0}^{n-1}\pi_k\times p_k\{w>t\}$$

其中 $p_k\{w>t\}$表示在呼叫到达时系统中有 k 个顾客的情况下等待时间 $w>t$ 的概率。

因为$\{\pi_k\}$和$\{p_k\}$是一致的，则

$$p\{w>t\}=\sum_{k=0}^{n-1}\pi_k\times p_k\{w>t\}=\sum_{k=0}^{n-1}p_k\times p_k\{w>t\}=\sum_{k=s}^{n-1}p_k\times p_k\{w>t\} \tag{3.30}$$

下面考虑计算 $p_k\{w>t\}$，$s\leqslant k\leqslant n-1$。

因为系统在呼叫到来时有 k 个呼叫，其中 s 个正在被服务，$k-s$ 个在等待。在时间 t 内离开的呼叫数小于等于 $k-s$ 这个事件与事件$\{w>t\}$等价，又系统在此期间的输出过程是参数为 $s\mu$ 的泊松过程。由泊松过程(2.1)，则

$$p_k\{w>t\}=\sum_{r=0}^{k-s}\mathrm{e}^{-s\mu t}\frac{(s\mu t)^r}{r!},k\geqslant s$$

将式(3.26)和(3.27)代入式(3.30)，则

$$\begin{aligned}p\{w>t\}&=\sum_{k=s}^{n-1}\frac{a^k}{s!s^{k-s}}p_0\sum_{r=0}^{k-s}\mathrm{e}^{-s\mu t}\frac{(s\mu t)^r}{r!}=\mathrm{e}^{-s\mu t}\frac{s^s}{s!}p_0\sum_{r=0}^{n-s-1}\frac{(s\mu t)^r}{r!}\sum_{k=r+s}^{n-1}\left(\frac{a}{s}\right)^k\\&=\mathrm{e}^{-s\mu t}\frac{a^s}{s!}p_0\sum_{r=0}^{n-s-1}\frac{(\lambda t)^r}{r!}\cdot\frac{1-(a/s)^{n-s-r}}{1-(a/s)}\end{aligned} \tag{3.31}$$

其中 p_0 由式(3.27)给出。

对于一个排队系统，如果知道稳态分布$\{p_k\}$和等待时间 w 的分布，可以认为对这个排队系统的稳态特征有完整的了解。这样，对系统 $M/M/s(n)$的稳态分析基本完成。

3.5* 恩格谢特系统

3.5.1 恩格谢特拒绝系统

考虑图 3.12 中的恩格谢特系统，系统中有 s 条中继线，系统的输入是 n 个同样的信源。假设每个信源的输入是参数为 ν 的泊松过程。这个系统的输入和爱尔兰系统有较大的不同，爱尔兰系统的输入是平稳的，不会变化；恩格谢特系统的输入流的强度取决于空闲信源的个数，输入过程不是平稳的。

如果当 s 个中继线全满时，就拒绝新来的呼叫，这样的系统称为恩格谢特拒绝系统；如果当 s 个中继线全满时，允许呼叫等待，这样的系统就称为恩格谢特等待系统。

下面首先考虑恩格谢特拒绝系统，恩格谢特等待系统留作习题。

系统的中继线数目 $s<n$，每个呼叫的持续时间服从参数为 μ 的负指数分布，令 $\alpha=\dfrac{\nu}{\mu}$ 表示一个空闲信源所能提供的呼叫量。图 3.13 为恩格谢特系统的状态转移图。

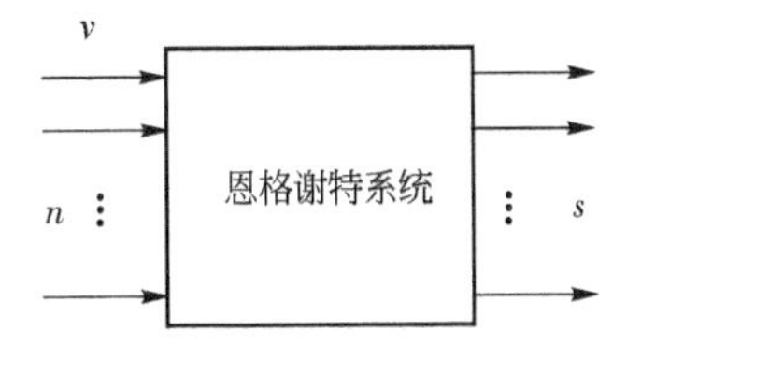

图 3.12 恩格谢特系统

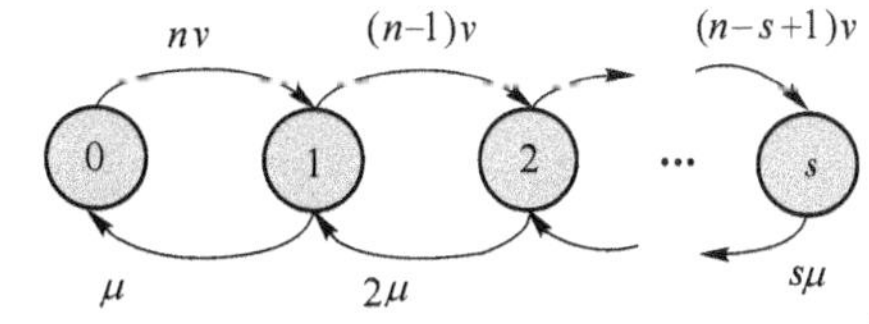

图 3.13 恩格谢特拒绝系统的状态转移图

恩格谢特拒绝系统有 $s+1$ 个状态，这是一个生灭过程，各个状态的到达率和离去率分别为

$$\lambda_k=\begin{cases}(n-k)\nu & k=0,1,2,\cdots,s-1\\ 0 & k\geqslant s\end{cases}$$

$$\mu_k=k\mu,\quad k=1,2,\cdots,s \tag{3.32}$$

假设稳态分布为 $p_k(n)$，根据式(3.32)和生灭过程的式(2.7)，有

$$p_k(n)=\binom{n}{k}\alpha^k p_0(n),\quad k=1,2,\cdots,s \tag{3.33}$$

根据概率归一性，有

$$\frac{1}{p_0(n)}=\sum_{k=0}^{s}\binom{n}{k}\alpha^k \tag{3.34}$$

式(3.33)和(3.34)就构成了恩格谢特拒绝系统的稳态分布。

令 $p=\frac{\alpha}{1+\alpha}$,则 $\alpha=\frac{p}{1-p}$,代入式(3.32)和(3.33),有

$$p_k(n)=\frac{\binom{n}{k}p^k(1-p)^{n-k}}{\sum_{j=0}^{s}\binom{n}{j}p^j(1-p)^{n-j}},\quad k=0,1,2,\cdots,s \tag{3.35}$$

其中 $p_s(n)$表示系统的时间阻塞率。与爱尔兰公式(3.10)不同,式(3.35)依赖于信源的数目。这样看来,输入呼叫流是泊松过程实际意味着信源的数目无穷或较大,如果信源数目较少,应该使用恩格谢特系统进行分析。

3.5.2 恩格谢特拒绝系统的稳态分布 $\pi_k(n)$

$\pi_k(n)$是呼叫到来时,系统中有 k 个呼叫的概率。这个分布 π_k 在输入过程为泊松过程时,与 p_k 一致。在恩格谢特系统中,π_k 与 p_k 不一致。

根据定义,$\pi_k(n)$可由下式求得:

$$\pi_k(n)=\frac{(n-k)p_k(n)}{\sum_{j=0}^{s}(n-j)p_j(n)},\quad k=0,1,2,\cdots,s$$

将式(3.35)代入,得

$$\pi_k(n)=\frac{\binom{n-1}{k}\alpha^k}{\sum_{j=0}^{s}\binom{n-1}{j}\alpha^j},\quad k=0,1,2,\cdots,s \tag{3.36}$$

特别的,当 $k=s$ 时,$\pi_s(n)$表示恩格谢特系统的呼损:

$$\pi_s(n)=\frac{\binom{n-1}{s}\alpha^s}{\sum_{j=0}^{s}\binom{n-1}{j}\alpha^j},\quad \alpha=\frac{\nu}{\mu} \tag{3.37}$$

这个公式称为恩格谢特呼损公式,用于有限信源的情形。与爱尔兰呼损公式类似,式(3.37)对呼叫持续时间的分布没有限制,任意分布都可以。

根据式(3.35)和(3.36),有

$$\pi_k(n)=p_k(n-1),\quad k=0,1,\cdots,s \tag{3.38}$$

上式说明了稳态分布$\{p_k\}$与$\{\pi_k\}$的关系,由于恩格谢特拒绝系统的到达过程不是一个泊松过程,所以这两个分布不一致。

例 3.9 假设 $s=2$，n 可以变化，但保持 $n\alpha=1$。计算 $p_2(n)$ 和 $\pi_2(n)$。

解 根据式(3.36)和(3.37)，有

$$\pi_2(n)=\frac{(n-1)(n-2)}{5n^2-5n+2},\quad p_2(n)=\frac{n-1}{5n-1}$$

在 $n\to\infty$ 时，由恩格谢特系统变为爱尔兰系统。具体计算一些数值，如：

- 在 $n=10$ 时，$p_2(n)=0.184$，$\pi_2(n)=0.159$；
- 在 $n=12$ 时，$p_2(n)=0.186$，$\pi_2(n)=0.166$。

一般认为，在 $n\geqslant 6s$ 后，恩格谢特系统就可以近似认为是一个爱尔兰系统。在实际应用中，这个条件非常容易满足，另外由于恩格谢特系统相对比较复杂，所以一般不用恩格谢特系统。

3.5.3 恩格谢特拒绝系统的到达呼叫量和通过呼叫量

假设恩格谢特拒绝系统中 $s<n$，到达呼叫量为 a，通过呼叫量为 a'。

N 为系统中平均的呼叫数，根据通过呼叫量的定义，并且注意 $\pi_s(n)$ 表示系统的呼损，则

$$a'=N=\sum_{k=0}^{s}kp_k(n),\quad a'=a[1-\pi_s(n)]$$

因为空闲的信源平均数为 $n-N$，则到达的呼叫量为

$$a=(n-N)\frac{\nu}{\mu}=(n-N)\alpha$$

从上两式中将 N 消去，到达呼叫量可以由下面的方法计算：

$$a=\frac{n\alpha}{1+\alpha[1-\pi_s(n)]} \tag{3.39}$$

上式中，α 为每个空闲信源的呼叫量。有意思的是，到达恩格谢特拒绝系统的总呼叫量 a 不但与 n，α 有关，而且与 $\pi_s(n)$ 有关。然后，根据下式计算通过的呼叫量：

$$a'=a[1-\pi_s(n)]$$

例 3.10 如果 $n=2$，$s=1$，$1/\mu=2$ 分钟，$\nu=1$ 次/小时。计算：(1)a；(2)呼损和时间阻塞率；(3)a'。

解 首先，每个空闲信源的呼叫量为

$$\alpha=\frac{\nu}{\mu}=1/30\ \text{erl}$$

呼损为

$$\pi_1(2)=\frac{\alpha}{1+\alpha}=0.032$$

时间阻塞率为

$$p_1(2)=\frac{2\alpha}{1+2\alpha}=0.071$$

到达总呼叫量为

$$a=\frac{n\alpha}{1+\alpha[1-\pi_s(n)]}=0.065 \text{ erl}$$

通过的呼叫量为

$$a'=a[1-\pi_s(n)]=0.063 \text{ erl}$$

习 题 3

3.1 证明：$B(s,a)=\frac{aB(s-1,a)}{s+aB(s-1,a)}$。

3.2 证明：(1) $C(s,a)=\frac{sB(s,a)}{s-a[1-B(s,a)]}, s>a$；

(2) $C(s,a)=\frac{1}{1+(s-a)[aB(s-1,a)]^{-1}}, B(0,a)=1$，且 $s>a$。

3.3 例 3.3 中，如果呼叫量分别增加 10%，15%，20%，请计算呼损相应增加的幅度。

3.4 有大小为 $a=10$ erl 的呼叫量，如果中继线按照顺序使用，请计算前 5 条中继线每条通过的呼叫量。

3.5 经济呼叫量的定义如下：这个呼叫量是中继线群中最后一条中继线应该承载呼叫量的下限。如果最后一个中继线承载的呼叫量小于经济呼叫量，则应将最后中继线上的呼叫量在网络中迂回，而不应直达。如果有大小为 7.2 erl 的呼叫量，经济呼叫量为 $a_{\text{EAB}}=0.409$ erl，问中继线群的数目应为多少？

3.6 对 $M/M/s$ 等待制系统，如果 $s>a$，等待时间为 w，对任意 $t>0$。证明：

$$p\{w>t\}=C(s,a)\mathrm{e}^{-(s\mu-\lambda)t}$$

3.7 对于 $M/M/s$ 系统，如果中继线严格按照顺序使用，a_k 的含义参见例 3.4。假设 b_k 表示 $M/M/s$ 系统中第 k 条中继线通过的呼叫量。证明：

$$b_k=a_k+\frac{a(1-a_k)C(s,a)}{s}$$

3.8 考虑恩格谢特拒绝系统中，在稳态下某特定的 j 条中继线，证明它们全忙时的概率为

$$B(j)=\frac{\pi_s(n+1)}{\pi_{s-j}(n-j+1)}$$

3.9 假设恩格谢特系统中一共有 n 个位置，也就是说系统不拒绝呼叫，这个系统叫恩格谢特等待系统。求：恩格谢特等待系统的稳态分布 $p_k(n), k=0,1,\cdots,n$。

3.10 证明：恩格谢特等待系统中，$\pi_k(n)=p_k(n-1), k=0,1,\cdots,n$。

3.11　对于恩格谢特等待系统，如果 w 为平均等待时间，则

(1) 求平均等待时间 w；

(2) 证明到达恩格谢特等待系统的总呼叫量为

$$a=\frac{n\alpha}{1+\alpha+\nu\cdot w}$$

3.12　考虑爱尔兰拒绝系统，或 $M/M/s(s)$ 系统，$a=\lambda/\mu$。一个观察者随机观察系统并且等待到下一个呼叫到来。证明：到来的呼叫被拒绝的概率为 $p=\frac{a}{a+s}B(s,a)$。

3.13　考察一个只有一条中继线但可以无限排队的系统，如果这是一个生灭过程，并且各状态的到达率和离去率为

$$\lambda_k=\frac{\lambda}{k+1},\quad k=0,1,2,\cdots$$

$$\mu_k=\mu,\quad k=1,2,3,\cdots$$

(1) 求稳态分布 $\{p_k\}$；

(2) 证明到达时刻的稳态分布 $\pi_k=(1-e^{-\frac{\lambda}{\mu}})^{-1}p_{k+1}, k=0,1,2,\cdots$；

(3) 计算到达的呼叫量和通过的呼叫量。

3.14　考虑例 3.4 中的爱尔兰拒绝系统，任意一个顾客到达系统后被第 j 条中继线服务的概率为 q_k，证明：

$$q_k=\frac{a_k}{a}$$

其中 $a_k=a[B(k-1,a)-B(k,a)], 1\leqslant k\leqslant s, B(0,a)=1$。

第 4 章　通信网络性能分析

4.1 概　述

本章将在第 3 章的基础上，进一步讨论通信网络的性能分析，完成电路交换网络的平均呼损计算和分组交换网络的平均时延计算，了解网络的各种优化模型。在第 3 章中，如果满足一定条件，使用 $M/M/s(s)$ 模拟电话交换机，得出计算呼损的爱尔兰公式(3.10)；使用 $M/M/1$ 模拟数据交换机的一个出端，得出计算平均系统时间的公式(3.23)。

对于网络这个整体，实际上有许多交换机，彼此之间相互影响。一个单独交换系统的性能分析是基础，但是不充分。整个网络或系统是排队系统的网络，由于系统之间彼此关联并且相互影响，分析会困难许多，本章将根据一些近似的方法解决一些重要问题，如网络的平均呼损和网络平均时延的计算，并且在这个基础上讨论介绍网络的各种优化问题。

首先考虑爱尔兰公式，这是一个局部呼损的计算公式。这个公式在理想情况下成立，但在下面这些情况下，爱尔兰公式将会不适用：

(1) 交换机的中继线群不是全利用度；

(2) 用户数目有限；

(3) 大量重复呼叫流；

(4) 大量迂回呼叫流。

下面分别说明这些不适用的情况：

在情况(1)下，中继线群不是全利用度意味着一个呼叫不能到达任意空闲的中继线，只能到达一部分。在这种情况下，由于交换机的中继线群效率不高，交换机的呼损会较全利用度的情形增加。增加的幅度与部分利用度的方式有关，并且一般的计算也相当复杂。在例 4.6 中，将介绍一个简单部分利用度系统，根据 Rapp 的近似方法完成呼损计算。

在情况(2)下，用户数目有限，到达的呼叫流不可能是一个泊松过程。这种情况下，到达的呼叫流用一个特殊的生灭过程——纯生过程——来描述，这种有限用户的系统被称之为恩格谢特系统。呼叫流为一个泊松过程意味着用户数目无穷大。恩格谢特系统的分析要比爱尔兰系统复杂许多。

在情况(3)下，呼叫被拒绝时一般会尝试重复呼叫，当网络负载较重或发生拥塞时，重复呼叫流的强度会很快地上升，这表示到达交换机的呼叫流不平稳，瞬时到达率随时间会较快地上升，对网络性能影响较大。在 4.2 节中将讨论重复呼叫流呼损的近似计算方法。

在情况(4)下，网络中很多端点对之间不仅有一个路由，可能有许多路由。如果路由的使用依照一定顺序，则在第二路由上到达的呼叫量为第一路由上的溢出呼叫量，在第三路由上到达的呼叫量为第二路由上的溢出呼叫量等等，在 4.3 节中，对于溢出呼叫量的分析说明溢出呼叫量不是泊松过程。

虽然如此，在许多场合为了分析简便，会假设重复呼叫流和溢出呼叫流仍为泊松过程。

类似的，在例 3.8 对数据网络交换机的时延分析中，虽作了许多假设，但是忽略了网络中许多控制和分组中的开销，如果考虑这些因素，数据网络交换机系统时间的计算会复杂许多。

所谓网络平均呼损和网络平均时延计算，就是在已知下面 4 个条件时：

(1) 各节点之间呼叫量或包到达率；

(2) 网络拓扑结构；

(3) 网络容量配置；

(4) 网络路由规划。

分别按照(3.5)去计算网络平均呼损或按照(3.6)去计算网络平均时延，这些网络性能指标的计算是讨论网络优化问题的基础。条件(1)是客观需求，条件(2)和(3)代表一个物理网络，而条件(4)对应路由规划，路由本质上是网络资源的使用方式，需要特别注意的一个问题是路由和拓扑结构有密切的关系，许多路由方法完全依赖于特定拓扑结构。整个条件代表对网络的完整描述，在知道以上条件后，应该能够完成对网络的平均呼损或平均时延的计算。

通过对网络平均呼损和网络平均时延的计算，能够了解条件(2)、(3)、(4)对网络性能均有影响，并且在不同的情况下，影响的效果不同。

4.2 重复呼叫流

考虑一个电话交换系统，有 s 条中继线，到达呼叫量为 a。由爱尔兰公式(3.10)计算呼损 $B(s,a)$，这些被拒绝的呼叫中会有一部分继续尝试呼叫，形成重复呼叫流。在网络负荷不重时，重复呼叫对网络的影响可以不考虑；在网络负荷较重时，重复呼叫流对网络影响较大，如果不考虑重复呼叫流的影响，对网络呼损的估计会有较大的误差。

一般来说，重复呼叫流不再是泊松过程。但是为了分析和计算简单，下面介绍的一个近似计算方法假定重复呼叫流是泊松过程，这样原始呼叫流和重复呼叫流之和仍为泊松过程。如果不作这个假设，分析会相当复杂。

原始呼叫流为 a，由于重复呼叫，Δa 为增加的呼叫量，则总呼叫量为

$$a_R = a + \Delta a$$

被拒绝的呼叫量为 $a_R B(s, a_R)$。

如果 Δa 占被拒绝的呼叫量的比例为 $\rho(0 \leqslant \rho \leqslant 1)$，则

$$a_R = a + \rho a_R B(s, a_R) \tag{4.1}$$

在给定了 a，s 和 ρ 之后，可以通过式(4.1)使用迭代的方法求 a_R。

例 4.1 如果 $a=4.0$ erl，$s=6$，$\rho=0.5$，求总呼叫量 a_R、呼损和通过的呼叫量。

解 令 $F(a_R) = a + \rho a_R B(s, a_R)$，代入数值 $a=4.0$ erl，$s=6$，$\rho=0.5$，则

$$F(a_R) = 4.0 + 0.5 a_R B(6, a_R)$$

目的寻找 a_R，使 $F(a_R)=a_R$，迭代起点 $a_R=4.0$，依次迭代计算如下：

$$F(4.0)=4.24,\ F(4.24)=4.29,\ F(4.29)=4.30,\ F(4.30)=4.30, \cdots$$

所以总呼叫量为

$$a_R = 4.30 \text{ erl}$$

呼损为

$$B(6, 4.30) = 0.139$$

通过的呼叫量为

$$4.30 \times [1 - B(6, 4.30)] = 3.70 \text{ erl}$$

如果没有重复呼叫，呼损为

$$B(6, 4.0) = 0.117$$

通过的呼叫量为

$$4.0 \times [1 - B(6, 4.0)] = 3.53 \text{ erl}$$

一般，如果 $\rho=0$ 或 $B(s,a)$ 较小，重复呼叫流可以不考虑。

当 $\rho=1$ 时，因 $a_R[1-B(s,a_R)]=a$，表示原始的呼叫量全部通过，但呼损会增加许多。继续例 4.1，如果 $\rho=1$，可以计算得：$a_R=4.91$ erl，此时 $B(6, 4.91)=0.190$。

实践表明，当中继线群负荷较重时，可以认为 $\rho \approx 1$。对一般的中继线群，可以认为 $\rho \approx 0.55$。

下面考虑一个具有重复呼叫的系统的模型，虽然这个方程组没有解析解，但可以有近似的数值计算方法。

例 4.2 具有重复呼叫流的拒绝系统。

分析 假设中继线容量为 s，初始呼叫流的强度为 λ，任意通话持续时间为参数 μ 的负指数分布。在任一时刻 t 的状态，用 2 维变量 (i,k) 表示，其中 $i(0 \leqslant i \leqslant s)$ 表示占用的中继数，$k(k \geqslant 0)$ 表示重复呼叫话源的数目。对于每个重复呼叫源，它的呼叫流为参数 γ 的泊松过程。

在中继线全满时，假如初次呼叫将以概率 α 成为重复呼叫流，重复呼叫将以概率 β 继续成为重复呼叫源。

图 4.1 为重复呼叫流系统的状态转移图，分别对应状态 (i,k)，$0 \leqslant i \leqslant s-1$ 和 (s,k)，

其中状态(s,k)的转移比较复杂。状态转移图表示了进入和离开各状态的各种可能变化和相应到达率和离去率。

在状态(s,k)时，各种可能变化如下：

- 从$(s-1,k)$到达一个初次呼叫进入(s,k)，到达率为λ；
- 从$(s-1,k+1)$到达一个重复呼叫，该呼叫被接纳，进入(s,k)，到达率为$(k+1)\gamma$；
- 从$(s,k-1)$到达一个初次呼叫，由于中继线全满，呼叫被拒绝，被拒绝的呼叫以概率α成为重复呼叫，故以到达率$\lambda\alpha$进入(s,k)；
- 从$(s,k+1)$到达一个重复呼叫，由于中继线全满，呼叫被拒绝，被拒绝的呼叫以概率β继续成为重复呼叫，故以到达率$(1-\beta)\gamma(k+1)$进入(s,k)。

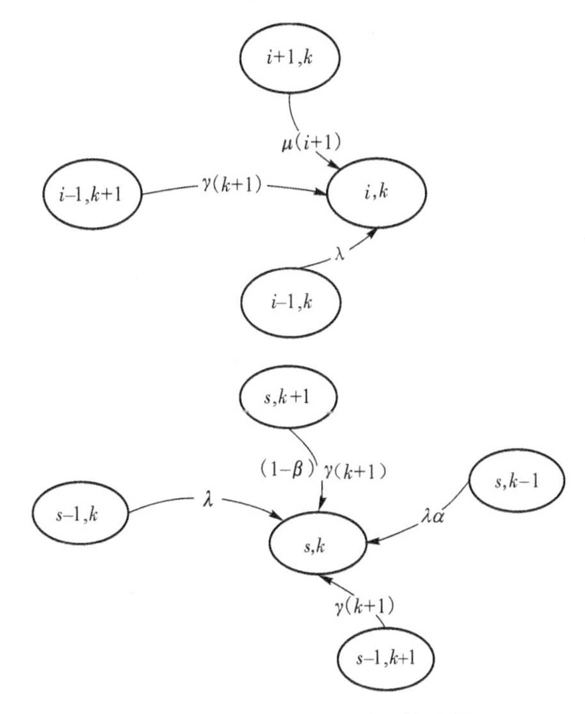

图 4.1　重复呼叫流的状态转移图

根据上述状态转移图 4.1，建立稳态方程如下：

$$
\begin{aligned}
&(\lambda+\mu i+\gamma k)p_{i,k} \\
&=\lambda p_{i-1,k}+\gamma(k+1)p_{i-1,k+1}+\mu(i+1)p_{i+1,k}, 0\leqslant i\leqslant s-1, k\geqslant 0 \\
&[\alpha\lambda+\gamma k(1-\beta)+\mu s]p_{s,k} \\
&=\lambda p_{s-1,k}+\gamma(k+1)p_{s-1,k+1}+\alpha\lambda p_{s,k-1}+(1-\beta)\gamma(k+1)p_{s,k+1}, k\geqslant 0
\end{aligned}
\tag{4.2}
$$

另外，还有一个概率归一性：

$$\sum_{i=0}^{s}\sum_{k=0}^{\infty}p_{i,k}=1 \tag{4.3}$$

式(4.2)、(4.3)构成具有重复呼叫流的稳态方程，一般没有解析解，但可以使用数值计算的方法求上述方程的数值解。

如果求得 $p_{i,k}$，$0 \leqslant i \leqslant s, k \geqslant 0$，则可以求得具有重复呼叫流系统的3个重要指标，它们是初次呼叫的按时间计算的呼损(p_0)、总呼损(p_1)和每个初次呼叫的平均重复呼叫次数(M)为

$$p_0 = \sum_{k=0}^{\infty} p_{s,k}$$

$$p_1 = \frac{\sum_{k=0}^{\infty} (\lambda + k\gamma) p_{s,k}}{\sum_{k=0}^{\infty} \sum_{i=0}^{s} (\lambda + k\gamma) p_{i,k}} \tag{4.4}$$

$$M = \frac{E[k]\gamma}{\lambda} = \frac{\left[\sum_{k=1}^{\infty} k \sum_{i=0}^{s} p_{i,k}\right]\gamma}{\lambda}$$

上面模型不但复杂，而且许多条件也不易确定，在第6章中将介绍通过随机模拟的方法做进一步分析。

4.3 溢出呼叫流

4.3.1 溢出呼叫流的统计特征

考虑爱尔兰拒绝系统，到达的呼叫量为 a，中继线数目为 s，则拒绝概率为 $B(s,a)$，溢出的呼叫量为 $aB(s,a)$。如果对于溢出的呼叫流，提供第2条路由，在第2条路由上，溢出呼叫流是否仍为泊松过程呢？答案是否定的。

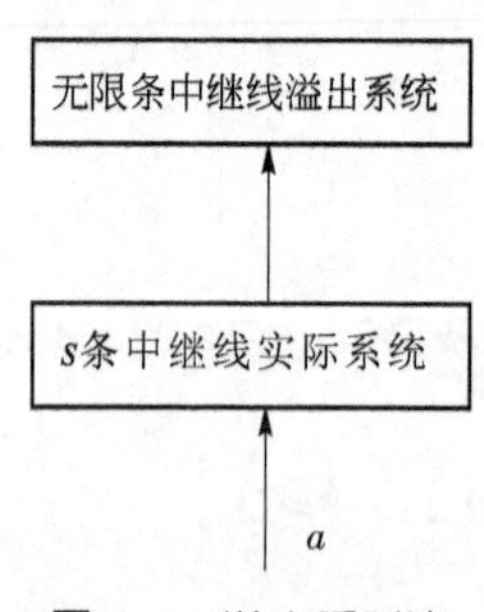

图 4.2 溢出呼叫流

图4.2表示一个虚拟系统。首先，到达的呼叫量 a 经过第一个 s 条中继线的实际系统，然后溢出呼叫量进入下一个虚拟的有无限条中继线的溢出系统。溢出呼叫量将全部被第2个系统承载。这个系统也可以视作一个优先级系统，只有前面 s 条中继线全忙时，呼叫才会被第二个系统接纳，这样，前面一个系统的表现和一个实际系统应该完全一致，而且溢出呼叫量完全被第二个系统服务。

假如使用一个二元变量(j,k)，$0 \leqslant j \leqslant s, k \geqslant 0$ 表示系统状态，其中 j 表示第一个系统的呼叫数，k 表示第二个系统中的呼叫数，

$p_{j,k}$表示状态(j,k)的概率。系统的状态转移图留作习题。

系统的稳态方程如下：

$$a p_{j-1,k}+(j+1)p_{j+1,k}+(k+1)p_{j,k+1}=(a+j+k)p_{j,k},\qquad 0\leqslant j\leqslant s-1,k\geqslant 0 \tag{4.5}$$

$$a p_{s-1,k}+a p_{s,k-1}+(k+1)p_{s,k+1}=(a+s+k)p_{s,k},\qquad k\geqslant 0 \text{ 且 } p_{s,-1}=0 \tag{4.6}$$

另外，还有一个概率归一性：

$$\sum_{j=0}^{s}\sum_{k=0}^{\infty}p_{j,k}=1$$

实际系统中呼叫数 j 的分布为

$$p_j=\sum_{k=0}^{\infty}p_{j,k}$$

并且这个分布应服从式(3.9)。

而溢出系统中呼叫数 k 的分布为

$$q_k=\sum_{j=0}^{s}p_{j,k}$$

关于方程组(4.5)、(4.6)的求解可以使用二维概率母函数的方法求解。若只关心分布$\{q_k\}$的均值和方差$\alpha=E[k]$，$\nu=\mathrm{Var}[k]$，直接分析方程组(4.5)、(4.6)亦可。Wilkinson证明了下面的定理4.1。

定理 4.1 $\alpha=aB(s,a)$，$\nu=\alpha\left(1-\alpha+\dfrac{a}{s+1+\alpha-a}\right)$。 (4.7)

根据例3.1，泊松过程到达无限条中继线的系统，队长分布为泊松分布，该分布的均值和方差一致。根据定理4.1，溢出呼叫流的均值和方差不一样，所以溢出呼叫流不是泊松过程并可证明$\nu>\alpha$。如果令峰值因子$z=\dfrac{\nu}{\alpha}$，则例4.3考虑峰值因子在不同系统中的变化。

例 4.3 呼叫量 a 首先到达有 s 条中继线的第一路由，然后溢出呼叫量去第二路由，如果 $s=20$，$a=15$ erl，请计算：

(1) 第一路由上通过的呼叫量和方差；

(2) 到达第二路由上的呼叫量和方差。

解 (1) 第一路由呼叫数 k 服从式(3.9)，即

$$p_k=\frac{\dfrac{a^k}{k!}}{\displaystyle\sum_{r=0}^{s}\frac{a^r}{r!}}$$

通过的呼叫量为

$$a'=a[1-B(s,a)]=15[1-B(20,15)]=14.31\text{ erl}$$

通过呼叫量的方差为

$$\begin{aligned} \nu' &= \sum_{k=0}^{s} k^2 p_k - a'^2 = \sum_{k=1}^{s} k(k-1) p_k + a' - a'^2 \\ &= a^2(1 - p_{s-1} - p_s) + a(1 - p_s) - a^2(1 - p_s)^2 \\ &= a(1 - p_s - a p_{s-1} + a p_s - a p_s^2) \end{aligned}$$

又

$$p_{s-1} = (1 - p_s) B(s-1, a)$$

所以

$$\nu' = a'\{1 - a[B(s-1,a) - B(s,a)]\}$$

在 $s=20, a=15$ erl 时，得

$$\nu' = 14.31[1 - 15(0.064 - 0.046)] = 10.45$$

此时，峰值因子为

$$z = \frac{\nu'}{a'} = 0.73$$

(2) 利用式(4.7)，到达第二路由上的总呼叫量为

$$\alpha = aB(s,a) = 15 \times 0.046 = 0.69 \text{ erl}$$

到达第二路由上呼叫量的方差为

$$\nu = \alpha\left(1 - \alpha + \frac{a}{s + 1 + \alpha - a}\right) = 1.55$$

峰值因子为

$$z = \frac{\nu}{\alpha} = 2.24$$

另外例 3.1 实际说明泊松过程的峰值因子为 1。

4.3.2 溢出呼叫流呼损的近似计算方法

溢出呼叫流不再是泊松过程，但是它的特征可以用它的均值和方差表示，它们的计算由式(4.7)完成。

在电话网中，呼叫在第一个路由上被拒绝后，如果有第二个路由，第一路由上的溢出呼叫量会去第二路由，为了计算在第二路由上的呼损，考虑一个近似的计算方法。

这个近似方法首先计算一个中继线群上到达总呼叫流的均值和方差，然后考虑一个等价系统，该系统的特征有两个参量：中继线数目 s 和到达的呼叫量 a，然后依照图 4.2 中的概念计算该等价系统溢出呼叫量的均值和方差。近似方法的目标是使这个均值和方差与实际系统中呼叫流的均值和方差一致，从而在知道实际系统中继线数目 c

后，可以依照爱尔兰呼损公式计算呼损。换一个角度，这个近似方法实际上是定理 4.1 的逆问题。

现在假设有 n 个中继线群，第 i 个中继线群有 s_i 条中继线，到达第 i 条中继线上的呼叫量为 a_i，这 n 个中继线群的溢出呼叫量将去一个公共备用中继线群，这个备用中继线群的容量为 c，如图 4.3 所示。下面考虑一个呼叫被第 i 个中继线群拒绝后在备用中继线群又被拒绝的概率。

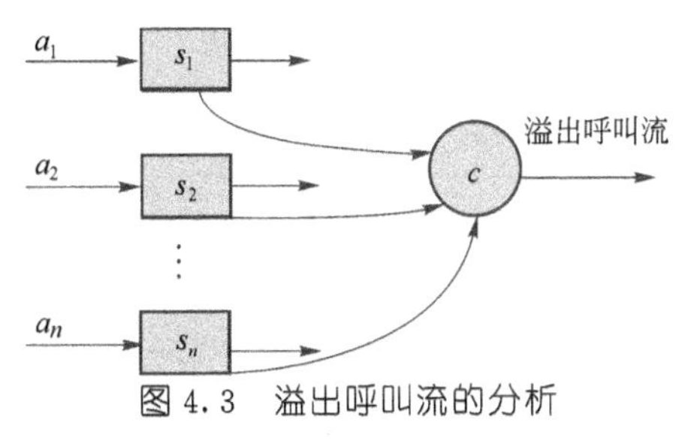

图 4.3 溢出呼叫流的分析

每个中继线群的溢出呼叫量为

$$\alpha_k = a_k B(s_k, a_k), \quad k=1,2,\cdots,n$$

方差为

$$\nu_k = \alpha_k \left(1-\alpha_k+\frac{a_k}{s_k+1+\alpha_k-a_k}\right), \quad k=1,2,\cdots,n$$

在备用中继线群上到达的总呼叫量和方差分别为

$$\begin{aligned} \alpha &= \alpha_1+\alpha_2+\cdots+\alpha_n \\ \nu &= \nu_1+\nu_2+\cdots+\nu_n \end{aligned} \tag{4.8}$$

下面介绍一个呼损的近似计算方法，这个方法来自 Rapp(1964 年)。这个方法是用一个等效系统，如图 4.2 所示。寻找等价呼叫量 a 和系统的中继线数 s，使得从这个系统的溢出呼叫量按照式(4.7)计算得到的(α,ν)正好与式(4.8)一致。这样，就可以在知道备用中继线群或溢出系统的中继线数目 c 后，计算最后的呼损了。如果在备用中继线群上有泊松呼叫流，则这个流的 $\alpha=\nu$。

Rapp 的近似方法如下：

第 1 步，根据(α,ν)，计算 $z=\dfrac{\nu}{\alpha}$；

第 2 步，令 $a=\nu+3z(z-1)$，然后，$s=\dfrac{a(\alpha+z)}{\alpha+z-1}-\alpha-1$，但 s 一般不为整数，向下取整，记为$\lfloor s\rfloor$；

第 3 步，重新计算 $a=\dfrac{(\lfloor s\rfloor+\alpha+1)(\alpha+z-1)}{\alpha+z}$。

这样，就有等效系统的 a 和$\lfloor s\rfloor$了，通过它们就可以计算最后的呼损。

例 4.4 在一个备用或迂回路由上到达的呼叫量的特征如下：$\alpha=3.88$，$\nu=7.29$，请计算等价系统的 a 和$\lfloor s\rfloor$，同时计算需要多少条中继线才能使最后呼损小于 0.01？被拒绝的呼叫量为多少？

解 峰值因子为

$$z=\frac{\nu}{\alpha}=1.88$$

利用 Rapp 的近似算法：

$$a=7.29+3\times1.88\times(1.88-1)=12.25\ \text{erl}$$

$$s=\frac{a(\alpha+z)}{\alpha+z-1}-\alpha-1=\frac{12.25\times(3.88+1.88)}{3.88+1.88-1}-3.88-1=9.94$$

所以

$$\lfloor s\rfloor=9,\quad a=\frac{(9+3.88+1)\times(3.88+1.88-1)}{3.88+1.88}=11.47$$

这样，等效呼叫量为 $a=11.47$ erl，等效中继线群容量为 $s=9$。

若 $B(s+c,a)<0.01$，根据爱尔兰公式(3.10)得到，$s+c\geqslant20$，故 $c\geqslant11$。在迂回中继线群上，需要 11 条中继线可以使最后的呼损小于 0.01，拒绝的呼叫量为

$$11.47\times B(20,11.47)=0.115\ \text{erl}$$

如果泊松呼叫量 3.88 erl 到 11 条中继线上，因 $B(11,3.88)\approx0.0016$，呼损差别较大，这时被拒绝的呼叫量为：$3.88\times B(11,3.88)=0.006$ erl。一般来说，峰值因子 z 越大，溢出呼叫流和泊松流的差距越大，在同样的呼损下，需要更多的中继线。

例 4.5 在图 4.4 中，路由 AD 为 AB 和 AC 的备用或迂回路由，AB 和 AC 之间到达的呼叫流为泊松过程，且 $a_{AB}=8.8$ erl，$s_{AB}=13$；$a_{AC}=7.7$ erl，$s_{AC}=11$。AB 和 AC 的溢出呼叫量将去路由 AD，如果 AD 的中继线数目为 5。问：拒绝呼叫量为多少？

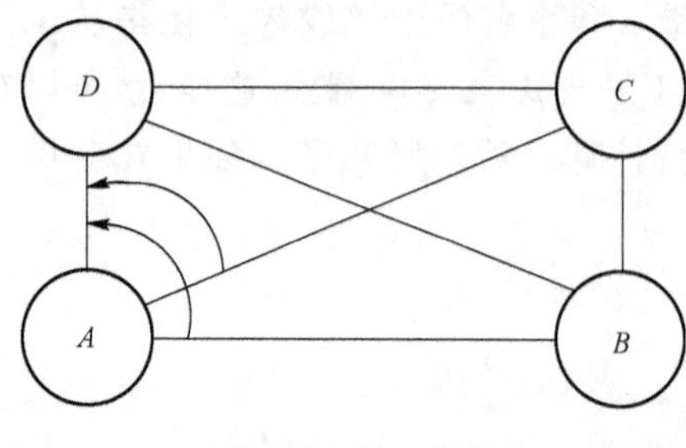

图 4.4 例 4.5 图

解 根据式(4.8)，有

$$\alpha_{AB}=8.8\times0.049=0.431\ \text{erl}$$

$$\nu_{AB}=0.919$$

$$\alpha_{AC}=7.7\times0.070=0.539\ \text{erl}$$

$$\nu_{AC}=1.106$$

所以，在 AD 上，溢出呼叫流的特征为

$$\alpha=\alpha_{AB}+\alpha_{AC}=0.970$$

$$\nu=\nu_{AB}+\nu_{AC}=2.026$$

利用 Rapp 的方法，有

$$z=\frac{\nu}{\alpha}=2.088$$

$$a=\nu+3z(z-1)=2.025+3\times2.088\times(2.088-1)=8.840$$

$$s=\frac{a(\alpha+z)}{\alpha+z-1}-\alpha-1=\frac{8.84\times(0.97+2.088)}{(0.97+2.088-1)}-0.97-1=11.17$$

向下取整，故 $\lfloor s\rfloor=11$，则

$$a=\frac{(\lfloor s\rfloor+\alpha+1)(\alpha+z-1)}{\alpha+z}=\frac{(11+0.97+1)\times(0.97+2.088-1)}{0.97+2.088}=8.729\ \text{erl}$$

故等效系统为

$$a=8.729\ \text{erl}, s=11$$

在 $c=5$ 时，最后的呼损为

$$B(11+5,8.729)\approx 0.009$$

拒绝的呼叫量为

$$8.729\times B(11+5,8.729)=0.079\ \text{erl}$$

Rapp 的近似方法也可以应用在部分利用度的中继线群上，完成呼损计算，在例4.6中有一个部分利用度中继线群的简单例子。为了完成一般网络的呼损计算，假设溢出呼叫流为泊松过程，在 4.4 节中将根据路由建立方程组迭代求解，近似计算网络平均呼损。

例 4.6 部分利用度中继线群，如图 4.5 所示。A，B 两个交换机之间中继线数目为 $s=24$，如果将该中继线等分为 3 组，分别编号为 1,2 和 3。A，B 之间到达的呼叫量为 $a=20$ erl，当一个呼叫的主叫为 A 时，该呼叫首先尝试编号为 1 的组，被拒绝后尝试编号为 2 的组，如果仍然没有空闲的中继线，就拒绝该呼叫；当一个呼叫的主叫为 B 时，该呼叫首先尝试编号为 3 的组，被拒绝后尝试编号为 2 的组，如果仍然没有空闲的中继线，就拒绝该呼叫。如果呼叫的主叫是 A 或 B 的概率一样，问：被拒绝的呼叫量是多少？

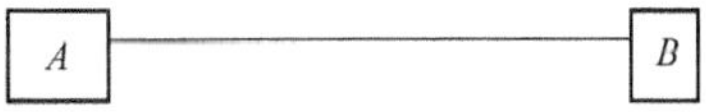

图 4.5 部分利用度系统

解 中继线 2 组上承载了中继线 1 组和中继线 3 组的溢出呼叫量，中继线 1 组和中继线 3 组溢出呼叫量的特征一致，中继线 1 组的溢出呼叫量的特征如下：

溢出呼叫量为

$$\alpha_1=aB(s,a)=10\times B(8,10)=10\times 0.3383=3.383\ \text{erl}$$

方差为

$$\nu_1=\alpha_1\left(1-\alpha_1+\frac{a}{s+1+\alpha_1-a}\right)=6.135$$

在中继线 2 组上，有

$$\alpha=\alpha_1+\alpha_3=6.766$$

$$\nu=\nu_1+\nu_3=12.27$$

利用 Rapp 的方法，有

$$z=\frac{\nu}{\alpha}=1.81$$

$$a=\nu+3z(z-1)=16.668$$

$$s=\frac{a(\alpha+z)}{\alpha+z-1}-\alpha-1=11.102$$

向下取整，故$\lfloor s \rfloor = 11$，则

$$a = \frac{(\lfloor s \rfloor + \alpha + 1)(\alpha + z - 1)}{\alpha + z} = 16.578 \text{ erl}$$

因为中继线2组的中继线为8，则最后的呼损为

$$B(11+8, 16.578) = 0.100$$

被拒绝的呼叫量为

$$16.578 \times B(11+8, 16.578) = 1.66 \text{ erl}$$

如果整个中继线群为全利用度，则呼损为

$$B(24, 20) = 0.066$$

被拒绝的呼叫量为

$$20 \times B(24, 20) = 1.32 \text{ erl}$$

4.4 电话网络平均呼损的计算

4.4.1 端对端呼损计算

爱尔兰呼损公式能够计算局部的呼损，现在考虑计算网络的平均呼损。要完成网络呼损计算，必须计算出任意端对端之间的呼损。网络中任意两端之间呼损的计算依赖于许多因素，下面首先考虑一些简单的情况。

在图4.6中，端A和B之间的连接有n个边，如果能计算出每条边i的呼损p_i，并且这些概率相互独立，则A和B之间的呼损可以由下面的式(4.9)来计算：

$$p_{A,B} = 1 - \prod_{i=1}^{n} (1 - p_i) \tag{4.9}$$

在图4.7中，端A和B之间有n条边不交的路由，假设AB之间的呼叫依次尝试路由1,2,…,n。如果能够计算出每条路由的呼损p_i，则A和B之间的呼损可由式(4.10)来计算：

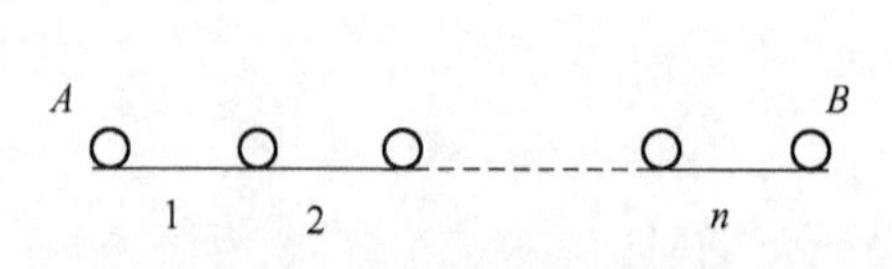

图4.6　端对端呼损计算1

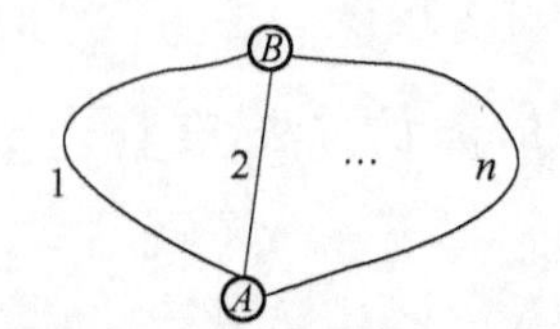

图4.7　端对端呼损计算2

$$p_{A,B}=\prod_{i=1}^{n}p_i \tag{4.10}$$

在式(4.9)和(4.10)的计算中，均需要已知在一条边上的呼损，而确定这个呼损可以使用爱尔兰呼损公式。为了使用爱尔兰呼损公式，需要确定每条边上的总呼叫量，但每条边上的呼叫量不易确定。一般来说，每条边上的呼叫量有许多成分，有初次或直达呼叫量，也有许多迂回或溢出呼叫量。在讨论一般的网络呼损算法之前，首先看例 4.7。

例 4.7 在图 4.8 的三角形网络中，如果各条边的中继线数目均为 5，各端点之间的呼叫量均为 $a_{i,j}=a$。有两种路由方法：第一种路由方法中，各端点对之间仅有直达路由；第二种路由方法中，各端点对之间除直达路由外，均有一条迂回路由。在 $a=3,4,5$ erl 时，分别计算网络平均呼损。

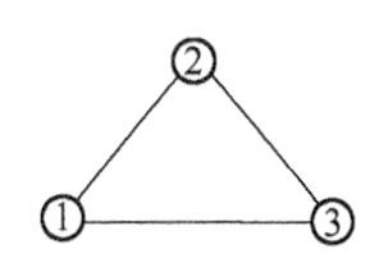

图 4.8　例 4.7 图

解 (1) 在第一种路由方法下，简单利用爱尔兰公式即可。

由于对称关系，网络平均呼损和各边的阻塞率一样，在 $a=3,4,5$ erl 时，网络平均呼损分别为

$$B(5,3)=0.11,\quad B(5,4)=0.20,\quad B(5,5)=0.28$$

(2) 在第二种路由方法下，假设边(i,j)的阻塞率为 $b_{i,j}$，到达(i,j)的总呼叫量为 $A_{i,j}$，边(i,j)上的呼叫量 A_{ij} 由 3 部分呼叫量组成，有一种直达呼叫量和两种溢出呼叫量，具体对边(1,2)，有

$$A_{1,2}(1-b_{1,2})=a_{1,2}(1-b_{1,2})+a_{2,3}b_{2,3}(1-b_{1,2})(1-b_{1,3})+a_{1,3}b_{1,3}(1-b_{1,2})(1-b_{2,3})$$

或

$$A_{1,2}=a_{1,2}+a_{2,3}b_{2,3}(1-b_{1,3})+a_{1,3}b_{1,3}(1-b_{2,3}) \tag{4.11}$$

根据爱尔兰公式，有

$$\begin{aligned}B(s_{1,2},A_{1,2})&=b_{1,2}\\B(s_{1,3},A_{1,3})&=b_{1,3}\\B(s_{2,3},A_{2,3})&=b_{2,3}\end{aligned} \tag{4.12}$$

在方程组(4.12)中，有 3 个未知变量 $b_{i,j}$ 可以迭代求解，然后各端之间呼损可以计算如下：

$$\begin{aligned}p_{1,2}&=b_{1,2}[1-(1-b_{1,3})(1-b_{2,3})]\\p_{2,3}&=b_{2,3}[1-(1-b_{1,2})(1-b_{1,3})]\\p_{1,3}&=b_{1,3}[1-(1-b_{2,3})(1-b_{1,2})]\end{aligned} \tag{4.13}$$

从而可以计算网络平均呼损。

在本题条件 $s_{1,2}=s_{1,3}=s_{2,3}=5$，$a_{1,2}=a_{2,3}=a_{1,3}$ 下，则各边的呼损 $b_{1,2}=b_{2,3}=b_{1,3}$，不妨令它们均为 b，这样式(4.12)变为下面一个方程：

$$B(s,A)=b \tag{4.14}$$

其中 $A=a+2ab(1-b)$。

在 $a=3,4,5$ erl 时，迭代求得

- $a=3$ 时，$b\approx 0.19$，$p\approx 0.07$；
- $a=4$ 时，$b\approx 0.35$，$p\approx 0.20$；
- $a=5$ 时，$b\approx 0.45$，$p\approx 0.31$。

通过上面的计算可以发现，在 $a=3$ erl 时，如果是第二种路由方法，网络的平均呼损为 0.07，要优于第一种路由方法时网络的平均呼损 0.11；在 $a=5$ erl 时，第二种路由方法的呼损由 0.28 上升到 0.31；而 $a=4$ erl 时，两种方法的呼损一致。

一般来说，在网络负荷较轻时，提供合适的迂回路由可以使网络呼损下降；但在越过负荷临界点后，迂回路由将使网络呼损上升。对于一般网络，由于各端点之间的呼叫量不一样，负荷临界点的表现形式可以比较复杂。

例 4.7 中，通过建立方程组(4.12)来求解各边的阻塞率，这种方法并不是一个精确的方法。因为这个方法基于一些假设，所以是近似方法。这些假设首先是在式(4.11)中假设了溢出呼叫量为泊松过程，根据 4.3 节中关于溢出呼叫量的知识，这种假设在溢出呼叫量越大时，误差越大；另外假设了各边的阻塞概率相互独立。不过一般来说，使用例 4.7 中的方法求网络的平均呼损其近似程度还是可以满意的。如果需要更准确的计算可以采用网络模拟的方法。

4.4.2* 网络呼损算法

现在考虑一般网络的呼损计算，如 4.1 节所述，已知下面 4 个条件：

(1) 呼叫量分布；

(2) 网络拓扑结构 $G=(V,E)$；

(3) 网络各边的容量配置；

(4) 网络的路由规划。

早期的电话网络均是等级网络，其网络呼损的计算较无等级网络简单。现在假设网络的拓扑结构用图 $G=(V,E)$ 表示，并且是一个无等级网络。已知各个端点对之间的路由表，这个路由表是固定路由表，每对端点之间有若干固定顺序的路由，并已知呼叫量和各边的容量。在考虑网络呼损的过程中，有两种呼损需要强调一下，第一种呼损为局部呼损，有时也被称为边阻塞率，边 (u,v) 的阻塞率为

$$p_{u,v}=\frac{\text{边}(u,v)\text{上拒绝的呼叫量}}{\text{边}(u,v)\text{上到达的总呼叫量}}$$

第二种呼损为端对端呼损，端 i 和端 j 之间的呼损为

$$p_{i,j}=\frac{\text{端 } i \text{ 和端 } j \text{ 之间被拒绝的呼叫量}}{\text{端 } i \text{ 和端 } j \text{ 之间的总呼叫量}}$$

下面在溢出呼叫量为泊松流，且各边阻塞概率独立的基础上使用网络呼损算法来求解网络平均呼损。

首先计算网络中任意端 i 和端 j 之间的端对端呼损 $p_{i,j}$，如果端 i 和端 j 之间有 n 条路径 $R_1, R_2, \cdots, R_n$，假设呼叫首选第一条路由，其次选第二条路由，…，直至第 n 条路由。如果 n 条路由皆忙，这个呼叫就被拒绝。边(u,v)的阻塞率为 $p_{u,v}$，$q_{u,v}=1-p_{u,v}$为边(u,v)的接通率。

路径 R_m 由一系列边组成。若 x_m 为这些边的 $q_{u,v}$之乘积。那么，端 i 和端 j 之间的接通率 $Q_{i,j}(=1-p_{i,j})$可以计算如下：

$$Q_{i,j}=1-(1-x_1)*(1-x_2)*\cdots*(1-x_n) \tag{4.15}$$

上述乘法 * 是在普通乘法基础上应用规则(4.16)整理得到的。规则(4.16)如下：

$$q_{r,s}^a \cdot q_{t,n}^b=q_{r,s}, \quad \text{当}(r,s)=(t,n), a,b\geqslant 1 \tag{4.16}$$

特别，计算包含前 m 个路由的接通率：

$$Q_{i,j,m}=1-(1-x_1)*(1-x_2)*\cdots*(1-x_m), \quad m\leqslant n \tag{4.17}$$

如果端 i 和端 j 之间的呼叫量为 $a_{i,j}$，那么，根据路由规则和例 3.4，第 m 条路径通过的呼叫量为

$$h_m=a_{i,j}(Q_{i,j,m}-Q_{i,j,m-1}), \quad m=1,2,\cdots,n \text{ 其中 } Q_{i,j,0}=0 \tag{4.18}$$

对任一对端(r,s)，如果它们之间路径为：$R_1^{r,s}, R_2^{r,s}, \cdots, R_n^{r,s}$，一般 $n=n(r,s)$，并且计算 $Q_{r,s}$，$Q_{r,s,m}(m\leqslant n)$和 $h_m^{(r,s)}$，从而可以计算网络中任意边(u,v)上通过的总呼叫量：

$$A_{u,v}=\sum_{r,s}\sum_{t=1}^{n} I_{r,s,t}\cdot h_t^{(r,s)}$$

其中求和为对任意(r,s)进行。

这里 $h_t^{(r,s)}$ 是呼叫量 $a_{r,s}$中在第 t 条路径中的部分，关于 $I_{r,s,t}$，有

$$I_{r,s,t}=\begin{cases}1 & \text{边}(u,v)\in\text{第 } t \text{ 条路径}\\ 0 & \text{边}(u,v)\notin\text{第 } t \text{ 条路径}\end{cases}$$

有了这些准备工作之后，就可以讨论网络呼损的迭代算法了。如果网络中端 i 和端 j 之间呼叫量为 $a_{i,j}$，接通率为 $Q_{i,j}$，则每边(u,v)的容量为 $s_{u,v}$，其接通率为 $q_{u,v}$。这个迭代算法中，以每边的接通率为迭代变量。

网络呼损迭代算法如下：

步骤 1：k 循环变量。

$k := 0$；

对任意边(u,v)，初始化 $q_{u,v}^{(k)} := 1$。

步骤 2：{计算每边(u,v)上通过的话务量 $A_{u,v}^{(k)}$}。

需要计算任意端 i 和端 j 之间的 $Q_{i,j}(a_{i,j}>0)$，$Q_{i,j,m}$和 h_m，然后对任意(u,v)计算得到 $A_{u,v}^{(k)}$。

步骤 3：令 $k := k+1$。

迭代计算各边的接通率如下：

$$q_{u,v}^{(k)}=1-B\left[s_{u,v},\frac{A_{u,v}^{(k-1)}}{q_{u,v}^{(k-1)}}\right]$$

其中 $B(s,a)=\dfrac{\dfrac{a^s}{s!}}{\sum\limits_{k=0}^{s}\dfrac{a^k}{k!}}$。

步骤 4：如果对任意边(u,v)，$q_{u,v}^{(k)}$和 $q_{u,v}^{(k-1)}$ 任意接近。

如$\max\limits_{u,v}\left|\dfrac{q_{u,v}^{(k)}}{q_{u,v}^{(k-1)}}-1\right|\leqslant\varepsilon$(这里 ε 为一个任意小正数，如 0.001)，停止；否则，去步骤 2。

最后，各端点对之间的呼损为 $1-Q_{i,j}$。网络平均呼损为 $1-\dfrac{\sum Q_{i,j}a_{i,j}}{\sum a_{i,j}}$。

如果两个端点之间有若干条路由，并且这些路由是边不交的，那么这两个端点之间的呼损可以参考式(4.10)计算，而式(4.15)的计算方法中没有边不交的限制，可以视为一个一般的方法。规则(4.16)正是消除不同路由中有公共边的影响。

需要注意，这个算法为近似算法，是例 4.7 中方法的一般化，并且这个方法可以很容易应用在等级网络的呼损计算中。另外一个需要注意的问题是路由，这个算法的路由表为固定路由表，并不适合其他的路由表。如果是动态无级网络，网络呼损的计算使用网络随机模拟比较合适。

4.5 数据网络的平均时延

在已知下列 4 个条件的情况下，考虑计算数据网络的平均时延。这 4 个条件是：

(1) 各端点之间包到达率 $\lambda_{i,j}$；

(2) 网络拓扑结构 $G=(V,E)$；

(3) 网络的容量配置；

(4) 网络的路由规划。

这 4 个条件完全确定了一个数据网络，需要注意这里的路由表是一种简单的情形，即任意两个端之间有一个惟一且固定的路由。

例 3.8 中，用 $M/M/1$ 模拟交换机的一个出端，包穿越交换机的平均系统时间为

$$T=\frac{1}{\dfrac{c}{b}-\lambda}\tag{4.19}$$

在式(4.19)中，λ 为到达端口的包的到达率，c 为线路速率，b 为平均包长。

与计算网络平均呼损类似，计算网络平均时延需要计算端对端时延。式(4.19)中

的计算对于信息交换更加合适，分组交换中如果使用式(4.19)来计算误差会大一些。在分组交换中，信息被分为许多较小的分组，同时有较多控制和应答等开销，故Kleinrock使用了更加复杂的模型去分析分组交换网络的时延。为了简单起见，在本节中仅使用较简单的模型作分析。另外，包在实际网络中，长度是不会变化的，但是Kleinrock发现那样分析较困难。Kleinrock假设包在从一个交换机出来后，进入下一个交换机时，随机按负指数分布取一个新的长度，在这样的假设下来考虑二次排队问题。

例 4.8 二次排队问题。

包到达是参数为 λ 的泊松流，包长不定，服从负指数分布，平均包长为 b，单位为bit。图4.9是系统的示意图，包从第一个系统出来后将去第二个系统，两个信道的速率分别为 c_1 和 c_2，单位为 bit/s。

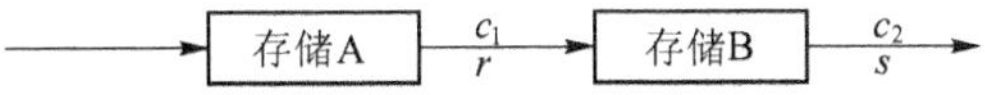

图 4.9 二次排队系统

解 两个系统的服务率为

$$\mu_1=\frac{c_1}{b},\mu_2=\frac{c_2}{b}$$

A，B的存储器足够大，两个排队系统为不拒绝系统。

设：r 为第 1 个排队系统中的包数，s 为第 2 个排队系统中的包数，则状态方程为

$$\begin{cases} r=s=0 & \lambda p_{0,0}=\mu_2 p_{0,1} \\ s=0 & (\lambda+\mu_1)p_{r,0}=\lambda p_{r-1,0}+\mu_2 p_{r,1} \\ r=0 & (\lambda+\mu_2)p_{0,s}=\mu_1 p_{1,s-1}+\mu_2 p_{0,s+1} \\ r>0,s>0 & (\mu_1+\mu_2+\lambda)p_{r,s}=\lambda p_{r-1,s}+\mu_2 p_{r,s+1}+\mu_1 p_{r+1,s-1} \end{cases}$$

由概率归一性，有

$$\sum_{r=0}^{\infty}\sum_{s=0}^{\infty}p_{r,s}=1$$

令通解形式为

$$p_{r,s}=p_{0,0}\cdot x^r\cdot y^s$$

代入方程，有

$$x=\frac{\lambda}{\mu_1}=\rho_1,y=\frac{\lambda}{\mu_2}=\rho_2$$

所以

$$p_{r,s}=p_{0,0}\cdot\rho_1^r\cdot\rho_2^s$$

根据概率归一性，则

$$1=p_{0,0}\sum\rho_1^r\sum\rho_2^s=\frac{p_{0,0}}{(1-\rho_1)(1-\rho_2)}$$

故

$$p_{0,0}=(1-\rho_1)(1-\rho_2)$$

稳态分布为

$$p_{r,s}=(1-\rho_1)(1-\rho_2)\rho_1^r\rho_2^s$$

则(r,s)为两个独立随机变量，即

$$p_r=(1-\rho_1)\rho_1^r,p_s=(1-\rho_2)\rho_2^s$$

全程系统时间为

$$\frac{1}{\mu_1(1-\rho_1)}+\frac{1}{\mu_2(1-\rho_2)}=\frac{1}{\mu_1-\lambda}+\frac{1}{\mu_2-\lambda}=\frac{1}{\frac{c_1}{b}-\lambda}+\frac{1}{\frac{c_2}{b}-\lambda}$$

上面的结果表明可以将两个排队系统分离考虑。

例 4.8 说明，包穿越两个交换机的系统时间可以分开计算，这样大大简化了端对端时延的计算。下面来说明 Kleinrock 的模型。

如果网络用图 $G=(V,E)$表示，$\lambda_{i,j}$表示从端 i 到端 j 的到达率，一般来说 $\lambda_{i,j}\neq\lambda_{j,i}$。令 $\lambda=\sum_{i\neq j}\lambda_{i,j}$ 。数据网络中可以有许多不同的路由规划，这里假设路由为固定的路由方法，并且每对端点之间有一个惟一的路由。如果网络采用其他动态或自适应路由时，这个模型就不适合。

边 i 的容量或速率为 c_i，由于端点之间的到达率 $\lambda_{i,j}$和路由已知，自然可以计算出每条边的到达率 λ_i，另外包的长度服从负指数分布，平均包长为 b。在边 i 上，如果$\frac{c_i}{b}>\lambda_i$，则包穿越边 i 的时间为

$$T_i=\frac{1}{\frac{c_i}{b}-\lambda_i}$$

根据例 4.8，端 i 到端 j 的时延 $T_{i,j}$可以这样计算，即通过将该路由包含的诸链路上的时延求和。这样，网络平均时延为

$$T=\frac{\sum_{i,j}\lambda_{i,j}\cdot T_{i,j}}{\sum_{i,j}\lambda_{i,j}}=\frac{\sum_{i,j}\lambda_{i,j}\cdot T_{i,j}}{\lambda} \tag{4.20}$$

将式(4.20)中的 $T_{i,j}$展开成为它包含的诸 T_i 之和，则

$$T=\frac{\sum_i T_i\lambda_i}{\lambda} \tag{4.21}$$

这个求和是对所有边来进行的，式(4.21)和(4.20)实际一样，但更简单。

例4.9 有5个节点的网络如图 4.10 所示，每对端点之间有一对边，它们的容量是一

样的;任意端点对之间的到达率 $\lambda_{i,j}$ 如表 4.1 所示,也是对称的。路由为固定路由表,每对端点有惟一路由。路由方法如下:①能直达就直达;②需要转接的安排为 A,E 是 $A\to B\to E$;A,D 是 $A\to C\to D$;C,E 是 $C\to D\to E$;另一个方向也经过相同的节点。而链路容量(单位 bit/s)为 $C_1=C_2=3\ 130$,$C_9=C_{10}=2\ 990$,$C_3=C_4=5\ 390$,$C_5=C_6=1\ 340$,$C_7=C_8=517$,$C_{11}=C_{12}=3\ 020$,$C_{13}=C_{14}=2\ 790$。平均包长 $b=100$ bit。

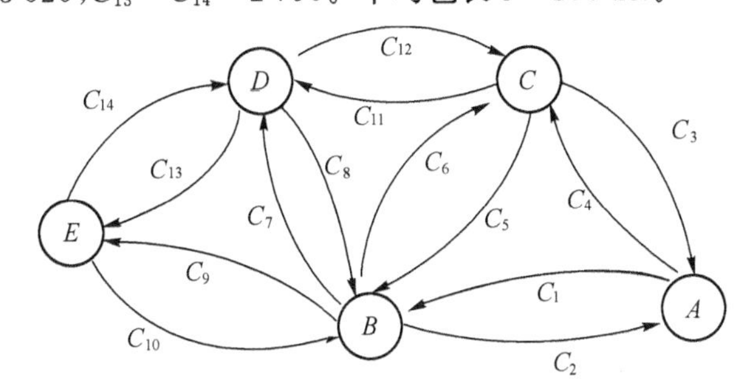

图 4.10　例 4.9 网络结构

表 4.1　任意端点对之间的到达率

到达率 端点/端点	A	B	C	D	E
A	—	0.935	9.34	0.610	2.94
B	0.935	—	0.820	0.131	0.608
C	9.34	0.820	—	0.628	2.40
D	0.610	0.131	0.628	—	0.753
E	2.94	0.608	2.40	0.753	—

解　计算得

$$\lambda=\sum_{\substack{j,k\\ j\neq k}}\lambda_{j,k}=38.33,\lambda_{1,1}=\lambda_{1,2}=\lambda_{A,D}+\lambda_{C,D}+\lambda_{C,E}=3.638,\cdots$$

根据式(4.21)计算得到:

$$T=0.045\ \text{s}$$

显然这个结果与路由有关,不同的路由会有不同的平均时延。

4.6* 网络优化问题模型

在 4.4 节中讨论了网络呼损的计算,在 4.5 节中讨论了数据网络时延的计算。下面进一步简单讨论一些网络优化模型,包括容量配置问题和流量安排问题等。

在前面关于网络呼损和时延的计算中,一般来讲已知下面 4 个条件:

(1) 各端点之间的呼叫量 $a_{i,j}$ 或到达率 $\lambda_{i,j}$；

(2) 网络拓扑结构 $G=(V,E)$；

(3) 网络的容量配置；

(4) 网络的路由规划。

如果容量配置不知道，就有了第一类网络优化问题——容量配置(Capacity Assignment)问题。

以数据网络为例，介绍 CA 问题如下：

如果 c_i 为边 i 的容量配置，$C=\sum_i c_i$，在 C 固定的条件下，寻找一个 c_i 的安排，使按照式(4.21)计算的 T 最小。 (Ⅰ)

问题(Ⅰ)中的约束条件也可以有不同的形式，如：$C=\sum_i c_i d_i$，其中 d_i 为边 i 的单位费用，另外还可以有其他不同的约束条件。

电话网中也有类似的优化问题，考虑到呼损计算的复杂性，电话网中相应优化问题的求解会困难一些。

网络中另一类基础的优化问题为流量分配(Flow Assignment)问题，这个问题实际上也是寻找最佳路由的问题，即条件(1)、(2)、(3)已知，需要寻找最佳路由使性能最佳。下面仍以数据网络为例来说明 FA 问题。

一般来说，某端 i 到端 j 的到达率 $\gamma_{i,j}$ 可能在任何一个路由上都安排不下，如果只安排在一个路由上，会导致在某边上的溢出，故 $\gamma_{i,j}$ 的安排可能会有许多路由，这样的网络流量安排可以用下面的多商品流模型来表述。

网络 $G=(V,E)$，且 $|V|=n$，$|E|=m$，任意端 i 到端 j 的包到达率为 $\gamma_{i,j}$，它们之间在边 $k(1\leqslant k\leqslant m)$ 上的比例为 $\gamma_k^{(i,j)}$。如果平均包长为 b，则端 i 和 j 之间在边 k 上的流量为 $f_k^{(i,j)}=\gamma_k^{(i,j)}\gamma_{i,j}b$，$f_k^{(i,j)}$ 应满足下列的条件：对于任意一个端点 u，有

$$\sum_{\text{所有进入}u\text{的边}k} f_k^{(i,j)} - \sum_{\text{所有离开}u\text{的边}k} f_k^{(i,j)} = \begin{cases} \gamma_{i,j}b & u=i \\ 0 & u\neq i,j \\ -\gamma_{i,j}b & u=j \end{cases}$$

由于上述的约束条件对每对点 i 和 j 都存在，故这些约束条件最多有 $\frac{1}{2}n(n-1)\times n$ 个。这样，在边 k 上的总流量为 $F_k=\sum_{i,j} f_k^{(i,j)}$，如果对任意边 k 上的总流量有 $F_k<c_k$，这样的多商品流安排为一个可行流安排，并且可以按照式(4.21)计算全网的平均时延。FA 问题可以叙述如下：

在已知条件(1)、(2)、(3)的基础上，求可行流安排，使按式(4.21)计算的网络平均时延最小。 (Ⅱ)

由于式(4.21)中的目标函数为非线性函数，从而 FA 问题(Ⅱ)为一个非线性的优化

问题。

一个更进一步的问题为容量和流量的配置问题(Capacity and Flow Assignment)。在这个问题中,假设已知条件(1)、(2),需要求解(3)、(4)并使网络性能最佳。在CA和FA问题中,分别已知(3)和(4)中的一个求另一个。容量配置和流量安排是相互影响、相互关联的因素,当然CFA问题的求解可以交替应用CA和FA问题迭代求解。总的来说,CFA问题的复杂性要大于CA和FA问题。

如果仅仅知道条件(1),甚至网络的拓扑结构亦需确定,那么这个网络优化问题最为一般也最为复杂。

在本节中,以数据网络为例,说明了一些网络优化问题模型,在电话网中也有类似的优化问题模型,关于这些问题的求解可以参考进一步的文献。在第6章中,结合动态无级网络和随机模拟的讨论,会继续从不同角度研究这些网络优化问题。

习 题 4

4.1 如果中继线数 $s=10$,原始呼叫量 $a=10$ erl,$\rho=0.5$,请计算总的呼叫量 a_R 和总呼损。

4.2 如果 $a>0$,$s\geqslant1$,证明对于溢出呼叫流 $\nu>\alpha$。

4.3 建立图4.2中溢出呼叫流系统的状态转移图,并且直接利用方程组(4.5)和(4.6)证明式(4.7)。

4.4 在图4.4中,如果 $a_{A,B}=7.2$ erl,$a_{A,C}=10$ erl,$s_{A,B}=9$,$s_{A,C}=12$,问:AD 需要多少条中继线才能使呼损小于0.01?

4.5 如果一个泊松呼叫流,$a=10$ erl,而中继线 $s=14$,被拒绝的呼叫流将去一个备用中继线群,问:

(1) 在主路由上,通过的呼叫量和峰值因子为多少?

(2) 在备用路由上,到达呼叫量和峰值因子为多少?

4.6 参数 λ 的泊松呼叫流到达有 s 条中继线的系统,但呼叫的停留时间为参数 μ 的负指数分布,停留时间到时,不论该呼叫在排队或被服务中,该呼叫都将离去,如果 N 为系统中的呼叫数,$p_k=p\{N=k\}$,求:

(1) 稳态分布 $\{p_k\}$。

(2) 若 q 为呼叫在系统中没有得到任何服务的概率,$a=\dfrac{\lambda}{\mu}<1$,则

$$q=p_{s,a}-\frac{s}{a}p_{s+1,a}$$

其中 $p_{s,a}=\sum\limits_{k=s}^{\infty}\dfrac{a^k}{k!}e^{-a}$。

(3) 若a'为通过的呼叫量，则$q=1-\frac{a'}{a}$。

4.7 有一个4个点的全连接网络，端点编号为1,2,3,4，每边的容量为2，每对端点之间的呼叫量为a。网络有2种路由方法：第一种路由方法对任意呼叫只有一条直达路由；第二种路由方法对每对端点除了直达路由外，均有一条迂回路由。以1和2端之间路由为例，端1到端2呼叫的迂回路由端3转接，而端2到端1迂回路由端4转接。当$a=$ 1 erl，2 erl和3 erl时，求网络在两种不同路由方法下的平均呼损。

4.8 有一个4个端的网络如图4.11所示，已知各端点之间呼叫量为$a_{1,2}=a_{1,4}=$ 15 erl，$a_{1,3}=9$ erl，端1和端2之间有2个路由，第一个路由直达，第二个路由经由端3转接；端1和端4之间有2个路由，第一个路由直达，第二个路由经由端3转接。端1和端3之间只有直达路由，中继线容量为$s_{1,2}=s_{1,4}=14$，如果最后的呼损为0.01，求端1和端3之间中继线的数量。

4.9 考虑图4.12中优先制系统，A队优先，B队仅在A队无等待呼叫时才能占用线路。到达A队的呼叫流为参数λ_1的泊松过程，达到B队的呼叫流为参数λ_2的泊松过程，服务时间为参数μ的负指数分布。若A队、B队等待位置的大小分别为n_A和n_B，请建立系统的稳态方程，并在$n_A=\infty$，$n_B=0$时求解A队的平均等待时间和系统的空闲概率。

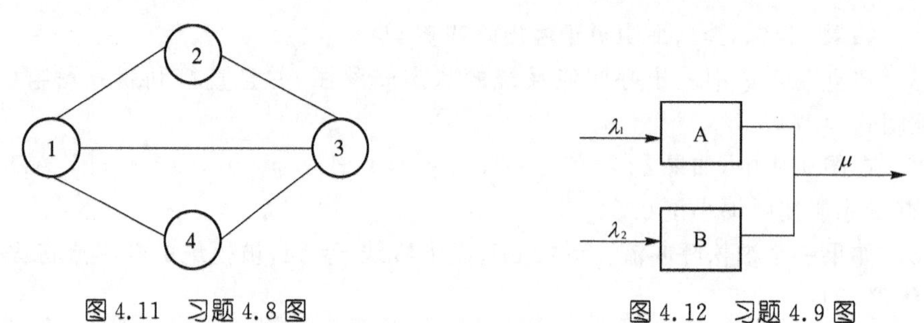

图4.11 习题4.8图　　　　图4.12 习题4.9图

4.10 求解数据网络的CA问题。证明最优解c_i由下式给出：

$$c_i=\lambda_i\cdot b+C(1-n\rho)\sqrt{\lambda_i}\Big/\sum_j\sqrt{\lambda_j}$$

其中，$n=\frac{\lambda}{\gamma}$，而$\gamma=\sum_{i,j}r_{i,j}$，$\lambda=\sum_i\lambda_i$，$C=\sum_i c_i$，$\rho=\gamma b/C$。

4.11 叙述准等级电话网络平均呼损的计算方法。

第 5 章　网络拓扑结构分析

网络拓扑结构分析是很基本，也是很重要的问题。拓扑结构是通信网规划和设计的第一层次问题，网络的许多性质和它的拓扑结构密切相关，网络中的路由规划也和拓扑结构有紧密联系。通信网的拓扑结构可以用图论的模型来代表，本章分析的主要问题为最小支撑树、最短路径和网络流量安排等问题。

5.1　图论基础

图论是应用数学的一个分支，有着丰富的内容，本节介绍它的一些概念和结论。

5.1.1　图的定义和基本概念

图论研究的问题和传统几何不同，主要研究拓扑性质，一般不关心几何的尺度和角度等。下面通过例 5.1 来考虑图论问题的特点。

例 5.1　欧拉(Euler)7 桥问题。

有一些河穿过哥尼斯堡城，将该城分为 4 个部分，有 7 座桥将城中各个部分相连，当地有一个游戏，问能否从城的某一个部分出发遍历每一座桥同时不重复经历任何一座桥。

解　Euler 分析了这个问题，并且用图 5.1 来代表这个问题，4 个端点表示 4 个城区，而边表示 7 座桥。如果定义端点的度为和它关联的边的个数，那么在图 5.1 中，各端点的度为 3,3,3,5。

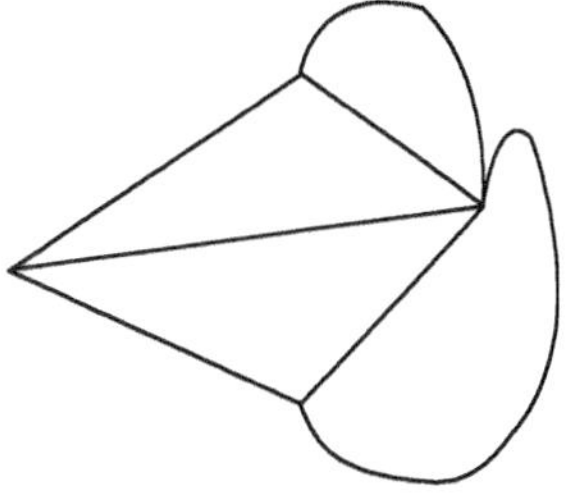

图 5.1　7 桥问题

如果存在一个遍历每座桥的漫游，除去起点和终点，对每个中间端点总是一进一出，所以那些中间端点的度应该为偶数，由于图 5.1 中度为奇数的端大于 2 个，这样图 5.1 不可能存在一个遍历所有桥的漫游。

Euler 对这个问题的研究中，发现并不关心边是用直线或曲线来代表，而且对端点的相对位置也不关心，关心的重点是这个图有几个端点，同时哪些端点之间有边。在这样的考虑下，有了图的定义。

定义 5.1　所谓一个图 G，是指给了一个端点集合 V，以及边的集合或 V 中元素的序对集合 E，图一般用 $G=(V,E)$来表示。

当 V,E 均为有限元,$|V|,|E|<\infty$ 时,G 称为有限图,一般讨论有限图。如果图 G 有 n 端 m 条边,可将 V 和 E 分别表示为 $V=\{v_1,v_2,\cdots,v_n\}$,$E=\{e_1,e_2,\cdots,e_m\}$。某边的端为 v_i,v_j,称这个边和端 v_i,v_j 关联,这个边也可记为(v_i,v_j)或 $e_{i,j}$。

一个图如果有边(v_i,v_j)就一定有边(v_j,v_i),这个图称为无向图,否则这个图称为有向图。$V=\emptyset$ 时图被称为空图,$E=\emptyset$ 时图被称为孤立点图。边(v_i,v_i)被称为自环,如果两条边有相同的两个邻端,这两条边被称为重边。一个不含自环和重边的图称为简单图,以后如果没有特别声明主要讨论简单图。一个不是简单图的图称为伪图。

对无向图的端 v_i,与该端关联边的数目为该端的度数,记为:$d(v_i)$。对有向图的端 v_i,$d^+(v_i)$表示离开 v_i 的边数,$d^-(v_i)$表示进入 v_i 的边数,则有性质 5.1。

性质 5.1 对图 $G=(V,E)$,$|V|=n$,$|E|=m$,有

(1) 若 G 是无向图,$\sum_{i=1}^{n} d(v_i)=2m$;

(2) 若 G 是有向图,$\sum_{i=1}^{n} d^+(v_i)=\sum_{i=1}^{n} d^-(v_i)=m$。

证明 (1)注意边有两个端点,这样将边按照端来计数就是等式的左面,而这种计数对每条边均重复且恰恰重复一次。(2)留作习题。

对于一个图 G,度为 1 的端点被称为悬挂点。最小度记为 $\delta(G)$,最大度记为 $\Delta(G)$。

给定图 $G=(V,E)$,若 $V_1\subseteq V$,$E_1=\{(u,v)\in E\,|\,u,v\in V_1\}$,称图 $G_1=(V_1,E_1)$是 G 中由 V_1 生成的子图,记为 $G[V_1]$。若 $E_2\subseteq E_1$,称 $G_2=(V_1,E_2)$为 G 的子图。特别,若子图的端点集合为 V,这个图被称为图 G 的支撑子图。

若 $E_1\subseteq E$,$V_1=\{v\in V\,|\,v$ 是 E_1 中某边的端点$\}$,称图 $G_1=(V_1,E_1)$是 G 中由 E_1 生成的子图,记为 $G[E_1]$。

下面考虑图的连通性,为此考虑不同类型的连续轨迹(如链、道路和圈等)。

考虑边的一个序列,相邻两边有公共端,如(v_1,v_2),(v_2,v_3),(v_3,v_4),$\cdots$,(v_i,v_{i+1}),这个边序列称为链,链简单说就是一个连续轨迹。没有重复边的链称为简单链;没有重复端的链称为初等链或道路;若链的起点与终点重合,称之为圈;若道路的起点与终点重合,称之为初等圈。一般重点讨论道路和初等圈。

任何两端间至少存在一条链的图,为连通图;否则,就是非连通图。对非连通图来说,它被分为几个连通分支或最大连通子图,如图 5.2 所示,非连通图 G 有 3 个连通分支。

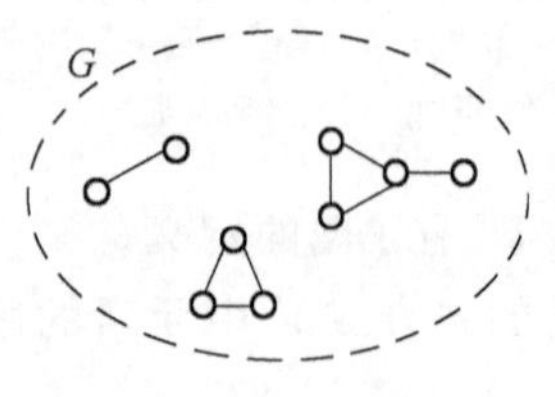

图 5.2 图的连通分支

对于图的连通概念,可以通过下面的方法给予准确的描述:

对于图 G 中的任意两个端点 u 和 v,如果存在一条从 u 到 v 的链,称 u 和 v 有关系,容易知道这个关系满足自反性、对称性和传递性,所以这是一个等价关系,从而可以将图 G 做一个等价分类,每一个等价分类就是一个连通分支,连通分支只有一个的图为连通图。以后讨论的重点为简单连通图。

下面举一些图的例子：

(1) 完全图 K_n。若图有 n 个端点，且任何两端间均有一条边，这个图称为完全图或全连通图，完全图边和端之间存在关系为 $m=\binom{n}{2}=\frac{n(n-1)}{2}$。

(2) 欧拉图。端度数均为偶数的连通图为欧拉图。可以证明对于欧拉图存在一个遍历所有边且回到起点的漫游，同时每条边仅经过一次。根据例 5.1 的分析，这个条件也是必要的。

(3) 两部图。两部图的端点集合可分为两个部分，所有边的两个邻端分别在这两个集合中。特别，完全两部图 $K_{m,n}$ 的端点集合有两个部分，分别有 m 和 n 个端点；从两个端集合中各任取一个端，它们之间都有一条边，共有 mn 条边。类似可以有多部图等。

(4) 正则图。所有端度数均一样的图。

5.1.2 树

树是图论中一个很简单，但是又很重要的概念。树的定义有多种，如下面的两种定义：

(1) 任何两端有且只有一条道路的图称为树；

(2) 无圈的连通图称为树。

我们采用第 2 种关于图的定义方式，也就是：

定义 5.2 无圈的连通图称为树。

这个定义反映了自然界中所有树的一种共有性质，树有下面简单性质：

性质 5.2 除单点树，至少有两个度数为 1 的端(悬挂点)。

证明 考虑从树的任意一个端点出发，沿树任意前进，由于有限性，一定会终止，而终点一定度为 1。再从前面那个悬挂点出发，会得到另外一个悬挂点。

性质 5.3 任意树的边数 m 和端数 n 满足 $m=n-1$。

证明 因为性质 5.2，任意树有悬挂点，若将悬挂点删去，剩余的图仍为连通无圈图或树，而且该操作使端和边均减少一个，一直进行下去最后单点树只有一个点，则 $m=n-1$。

定理 5.1 给定一个图 T，若 $|V|=n$，$|E|=m$，则下面论断等价：

① T 是树；

② T 无圈，且 $m=n-1$；

③ T 连通，且 $m=n-1$。

证明

由性质 5.3，①→②，①→③，显然，下面分别证明它们的反面。

②→①，反证，若 T 不连通，它有 k 个连通分支(k 大于等于 2)，每个连通分支都为

树，若第 i 个树有 p_i 个点，则 $m=\sum_{i=1}^{k}(p_i-1)=n-k\leqslant n-2$，与 $m=n-1$ 相矛盾。

③→①，反证，若 T 有圈，从圈中删去任何一条边，图的连通性不会被破坏，有限步后剩下的图为连通无圈图或树，与 $m=n-1$ 相矛盾。

由定理 5.1 知道，树是最小连通图，树中删去任何一边则成为非连通图；树是最大的无圈图，增加任何一条边树就会有圈。同时定理 5.1 的任意一条均可作为树的定义。

性质 5.4 若 T 是树，则

(1) T 是连通图，去掉任何一条边，图便分成两个且仅仅两个连通分支；

(2) T 是无圈图，但添加任何一条边，图便会包含一个且仅仅一个圈。

同时，若无向图满足(1)或(2)，则 T 是树。

性质 5.5 实际上就是前面的等价定义之一。

性质 5.5 设 T 是树，则任何两点之间恰好有一条道路；反之，如图 T 中任何两点之间恰好有一条道路，则 T 为树。

实际上，任何两点之间有道路，说明这个图连通；恰好有一条道路说明图无圈。性质 5.4 和 5.5 刻画了树的两个重要特征，上述两个性质的证明请读者自行完成。

在树中，有一种重要的概念是支撑树。支撑树的概念须相对一个连通图来描述。

如果树 T 是连通图 G 的子图，$T\subset G$，且 T 包含 G 的所有端，称 T 是 G 的支撑树。支撑树有时也被称为主树。

如果一个连通图有圈，可以从圈中任意删去一条边，连通性保持的同时破坏了一个圈。继续进行下去直到图不含圈，剩下的图便是支撑树；反之，有支撑树的图必为连通图。从前面生成支撑树的过程知道，连通图至少有一个支撑树，一般不止一个。

如果在一个连通图中确定了一个支撑树，图的边集合被分为两类，属于树的边称为树边；不属于树的边称为连枝。树上任两端间添加一条连枝，则形成圈，这个圈被称为基本圈。基本圈是由其包含的惟一连枝所决定的。

5.1.3 割集

割集指的是某些端集或边子集。对连通图，去掉此类子集，图变为不连通。对非连通图，去掉此类子集，其连通部分数增加。割集分为割端集、割边集和混合割集。

定义 5.3 割端与割端集

设 v 是图 G 的一个端，去掉 v 和其关联边后，G 的部分数增加，则称 v 是图 G 的割端。去掉一个端集合后，G 的部分数增加，这些端的集合称为割端集。有的连通图无割端，这种图称为不可分图。

对于连通图，在众多的割端集中至少存在一个端数最少的割端集，称为最小割端集。如果一个割端集，其任意真子集不为割端集，它就是极小割端集。最小割端集是极小割端

集，但反过来不成立。

最小割端集的端数目，称为图的点连通度或连通度。连通度用 α 表示，连通度 α 越大，图连通程度越好。

定义 5.4 割边与割边集。

设 e 是图 G 的一条边，去掉 e 后，G 的部分数增加，则称 e 是图 G 的割边。去掉一个边集合后，G 的部分数增加，这些边的集合称为割边集。

在众多的割边集中边数最少的割边集，称为最小割边集。类似，最小割边集为极小割边集，但反过来不一定对。最小割边集的边数目，称为线连通度。线连通度用 β 表示，线连通度 β 越大，图连通程度越好。

性质 5.6 对于任意一个连通图 $G=(V,E)$，若 $|V|=n$，$|E|=m$，δ 为最小度，则

$$\alpha\leqslant\beta\leqslant\delta\leqslant\frac{2m}{n}。$$

性质 5.6 的证明留作习题。

对于任何一个连通图 G，设 T 为 G 的一个支撑树，每一条连枝决定的圈是基本圈。

确定了连通图的一个支撑树后，每条树边可以决定一个基本割集。对于支撑树，去掉树上任何一条边，树便分为两个连通分支，从而将原图的端分为两个集合，这两个集合之间的所有边形成一个极小边割集，这个边割集称为基本割集。

对图 5.3，如果取定一个支撑树 $T=\{e_1,e_6,e_3,e_4\}$，则基本割集和基本圈组成为

基本割集：(e_1,e_5)，(e_6,e_2,e_5)，(e_3,e_2)，(e_4,e_5)；

基本圈：(e_6,e_2,e_3)，(e_6,e_1,e_5,e_4)。

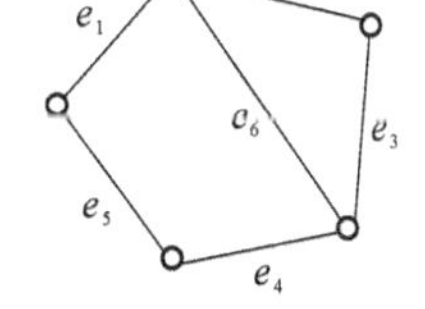

图 5.3 基本圈和基本割集

基本圈和基本割集有许多应用，首先通过集合的对称差运算，由基本割集可以生成新的割集或它们的并集，事实上可以生成所有的割集；基本圈也有类似的性质。其次，通过例 5.2 来分析电网络。

例 5.2 通过基本圈和基本割集分析求解电网络。

分析 在每个等电势的区域抽象一个端点，一个电网络为一个连通图。如果这个图有 n 个端点，m 条边，则有 $n-1$ 个独立电势变量。任取一个支撑树，有 $n-1$ 个基本割集。在每个基本割集上，根据基尔霍夫定律，流过基本割集电流的代数和为零。这 $n-1$ 个方程由于每个方程含有惟一的树枝项，所以这 $n-1$ 个方程线性无关，通过这些方程可以求解所有的电势变量。

类似，有 $m-n+1$ 个连枝或基本圈。如果在每个基本圈上假设一个圈电流，这样每条边的电流就可以知道，根据环绕一个基本圈的电势差为零，可以建立 $m-n+1$ 个方程，由于每个方程含有一个惟一的连枝项，所以这些方程是线性无关的方程，通过这些方程可以求解所有的圈电流。

下面定义一个概念——反圈。这个概念有明确的几何意义。反圈其实是一种特殊边

割集，对于支撑树，每个基本割集就是一个反圈。

定义 5.5 反圈：给圈 $G=(V,E)$，若 $S,T\subseteq V$，记 $[S,T]_G=\{(u,v)\in E:u\in S,v\in T\}$；特别，$T=V\backslash S$ 时，将 $[S,T]_G$ 记为 $\Phi_G(S)$ 或 $\Phi(S)$。设 X 是 V 的非空真子集，若 $\Phi_G(X)\neq\emptyset$，称 $\Phi_G(X)$ 为 X 确定的反圈。当然，$[S,T]_G=\{(u,v)\in E:u\in S,v\in T\}$ 不一定是边割集，而 $\Phi_G(X)$ 一定是边割集。

5.1.4 图的矩阵表示

下面将给出图的矩阵表示，主要介绍关联阵和邻接阵。

1. 关联阵

设图 G 有 n 个端，m 条边，则全关联阵 $\boldsymbol{A}_0=[a_{i,j}]_{n\times m}$，其中

$$\text{在无向图中}\begin{cases}a_{i,j}=1,\text{若 } e_j \text{ 与 } v_i \text{ 关联}\\ a_{i,j}=0,\text{若 } e_j \text{ 与 } v_i \text{ 不关联}\end{cases}$$

$$\text{在有向图中}\begin{cases}a_{i,j}=+1,\text{若 } e_j \text{ 与 } v_i \text{ 关联，离开 } v_i\\ a_{i,j}=-1,\text{若 } e_j \text{ 与 } v_i \text{ 关联，指向 } v_i\\ a_{i,j}=0,\text{若 } e_j \text{ 与 } v_i \text{ 不关联}\end{cases}$$

关联阵中每行对应一个端，每列对应一个边，由于完全表示了图中端集和边集的信息，所以关联阵是图的一个等价表示。

例 5.3 考虑图 5.4 所表示的图，则依照定义，全关联阵为

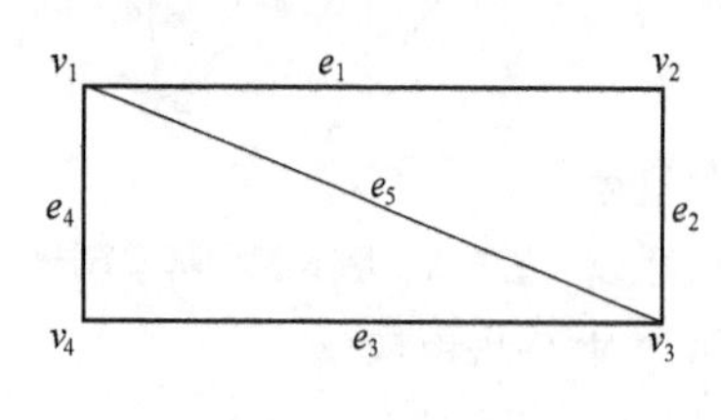

图 5.4 例 5.3 图

$$\boldsymbol{A}_0=\begin{pmatrix}1&0&0&1&1\\1&1&0&0&0\\0&1&1&0&1\\0&0&1&1&0\end{pmatrix}$$

由 $\boldsymbol{A}_0$ 可以看出：

(1) 每行非零元个数等于相应端的度数，每列有两个 1；

(2) 任意两行或两列互换得到的关联阵本质上是一个图；

(3) 将 $\boldsymbol{A}_0$ 中每列的任一个 1 改为 -1，因为 n 行之和为零，所以最多只有 $n-1$ 行线性无关，再去掉任一行，得到关联阵 $\boldsymbol{A}$，这是一个 $(n-1)\times m$ 矩阵。

可以证明，$\boldsymbol{A}$ 的每一个 $n-1$ 非奇异方阵一一对应一个支撑树，并且这个方阵的行列式的绝对值为 1，从而图 G 的支撑树数目可由以下方法得到：

定理 5.2 （矩阵-树定理）

用 $\boldsymbol{A}^{\mathrm{T}}$ 表示 $\boldsymbol{A}$ 的转置，无向图 G 的主树数目为

$$t(G)=\det(\boldsymbol{A}\boldsymbol{A}^{\mathrm{T}})$$

注意上面的定理计算的支撑树数目为标号树的数目，它们可能是同构的支撑树，而不同的

非标号树实际上是不同构的支撑树。同时 $n-1$ 阶矩阵 $\boldsymbol{AA}^{\mathrm{T}}$ 可以直接写出，主对角线的元素为相应端点的度数，其余位置根据相应的端点之间是否有边取值为 -1 或 0。

继续例 5.3，如果去掉第一行，则

$$t(G)=\det\begin{vmatrix} 2 & -1 & 0 \\ -1 & 3 & -1 \\ 0 & -1 & 2 \end{vmatrix}=8$$

共有 8 种支撑树如下：

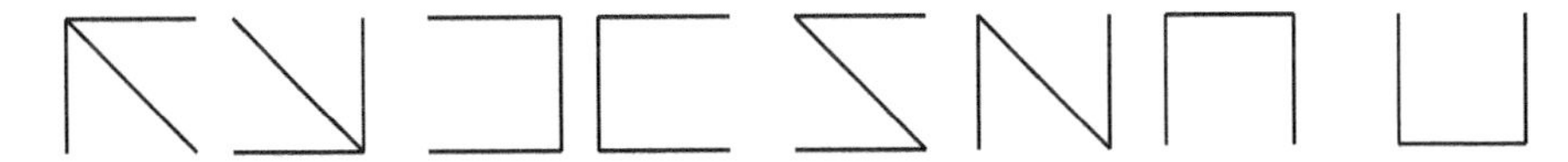

如果是非标号树，只有 2 个。对于任意一个图，计算非标号树的数目是非常困难的事情。

2. 邻接阵

邻接阵是表示图的端与端关系的矩阵，其行和列都与端相对应。

令 $G=(V,E)$ 为 n 端 m 边的有向图，其邻接阵为

$$\boldsymbol{C}=[c_{i,j}]_{n\times n}$$

其中，$c_{i,j}=\begin{cases}1, 若\ v_i\ 到\ v_j\ 有边, \\ 0, 若\ v_i\ 到\ v_j\ 无边。\end{cases}$

对于例 5.3 中的图，邻接阵为

$$\boldsymbol{C}=\begin{pmatrix} 0 & 1 & 1 & 1 \\ 1 & 0 & 1 & 0 \\ 1 & 1 & 0 & 1 \\ 1 & 0 & 1 & 0 \end{pmatrix}$$

对于无向图，$c_{i,j}=c_{j,i}$，因此是邻接阵为对称阵。

由于邻接阵包含了图的所有信息，和关联阵一样，是图的等价表示，所以邻接阵和关联阵经常被用来表示图。可以通过对邻接阵 $\boldsymbol{C}$ 做一些计算，得到图 G 的一些性质。例如考虑 $\boldsymbol{C}^3$ 中的 (i,j) 的元素 $c_{i,j}^{(3)}$，如果它不为零，由于 $c_{i,j}^{(3)}=\sum\limits_k\sum\limits_l c_{i,k}c_{k,l}c_{l,j}$，则至少存在一组 $c_{i,k}=c_{k,l}=c_{l,j}=1$ 或一个长度为 3 的链使端 i 和端 j 相连。从而，通过计算 $\boldsymbol{C}$ 的各阶幂次可得到关于图是否连通的信息，但是这个计算过程复杂度较高。

下面的小算法，它解决图是否连通的问题，但效率很高。在这个算法中，矩阵 $\boldsymbol{p}$ 是判断矩阵，$p_{i,j}=1$ 表示从 i 到 j 连通，$p_{i,j}=0$ 表示从 i 到 j 不连通。

Warshall 算法如下：

(1) 置新矩阵 $\boldsymbol{p}:=\boldsymbol{C}$；

(2) 置 $i=1$；

(3) 对所有的 j，如果 $p_{j,i}=1$，则对 $k=1,2,\cdots,n$，有 $p_{j,k}:=p_{j,k} \vee p_{i,k}$；

(4) $i=i+1$；

(5) 如 $n \geqslant i$，转向步骤(3)，否则停止。

算法第 3 步迭代中，发生变化的惟一情况是原来的 $p_{j,k}=0$，而新的 $p_{j,k}=1$，这时由于 $p_{j,i}=1$，再结合 $p_{i,k}=1$，则 $p_{j,k}=1$，这个算法的复杂度较计算 $\boldsymbol{C}$ 的各阶幂有极大的降低。

对于算法，基本问题是算法的正确性，其次是算法复杂度。从复杂度考虑，算法可以简单分为多项式复杂度和指数复杂度两大类，前者的目标是找到尽可能小的复杂度算法，后者的目标是找到合适的近似算法。

5.2 最短路径问题

上节中介绍的图只考虑了图顶点之间的关联性，本节将要对图的边和端赋予权值，讨论有权图。权值在各种各样的实际问题中有不同的物理意义，如费用、几何距离、容量等。在本节中将讨论最小支撑树和最短路径问题等算法。

5.2.1 最小支撑树

给定连通图 $G=(V,E)$，$w(e)$是定义在 E 上的非负函数，$T=(V,E_T)$为 G 的一个支撑树。定义树 T 的权为 $w(T)=\sum_{e\in E_T} w(e)$。最小支撑树问题就是求支撑树 T^*，使 $w(T^*)$ 最小。下面介绍求最小支撑树的方法，首先不加证明地引用定理 5.3。

定理 5.3 设 T^* 是 G 的支撑树，则如下论断等价：

(1) T^* 是最小支撑树；

(2) 对 T^* 的任一树边 e，e 是由 e 所决定的基本割集或反圈中的最小权边；

(3) 对 T^* 的任一连枝 e，e 是由 e 所决定的基本圈中的最大权边。

这个定理描述了最小支撑树的特征。依照不同的逻辑，可以有不同的具体做法。下面第一个算法每次均在反圈中选一条权最小的边，同时保持选出的边连通。这个算法由 Prim(1957 年)提出。

反圈法介绍如下：

(1) 任取一点作为初始的 $X^{(0)}$。

(2) 在反圈 $\Phi[X^{(k)}]$中选边的原则是：

· 从 $\Phi[X^{(k)}]$中选一条权最小的边(如果有多条权最小的边，则任选一条)；

· 将选出边的邻端并入 $X^{(k)}$ 形成 $X^{(k+1)}$。

(3) 若在某一步，$\Phi[X^{(k)}]=\varnothing$，则 G 不含支撑树；若在某一步，$X^{(k)}=V$，则由所有被

选边生成的树是最小支撑树。

这个算法实际上将树生长出去，每次在反圈中选一个权最小的边前进。

例 5.4 求图 5.5 中的最小支撑树。

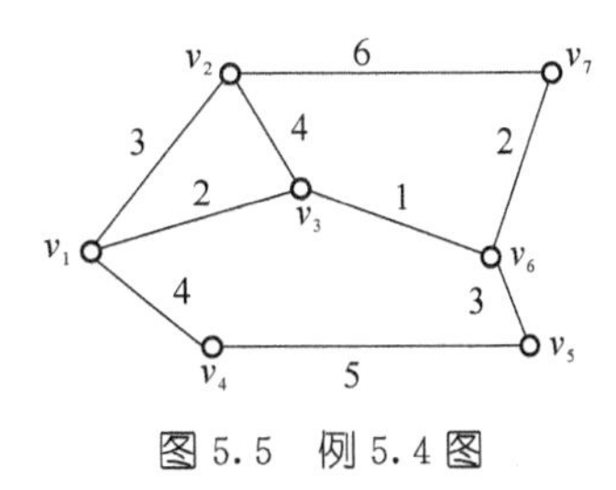

图 5.5 例 5.4 图

如果以 v_1 为 $X^{(0)}$，按照 Prim 算法，选出的端序列为：$v_1,v_3,v_6,v_7,v_2,v_5,v_4$，其中 v_2,v_5 的顺序可以改变。最小支撑树 $w(T^*)=15$。

这个算法的复杂度可以这样考虑：

从算法开始至终止，共进行 $n-1$ 步，每步使 k 个端与 $n-k$ 个端比较，需 $k(n-k)-1$ 次比较，然后可以选出反圈中权最小的边，计算量最多为

$$\sum_{k=1}^{n-1}[k(n-k-1)]=\frac{1}{6}(n-1)(n-2)(n-3)=O(n^3)$$

这个计算有许多重复，如果反圈在由旧到新的过程中仅做更新计算，这样总计算量可以少许多，该算法改进后计算量为 $O(n^2)$。

另一个算法由 Kruskal 在 1956 年提出，这个算法的思想是将所有边排序，然后由小到大选边，只要保持所选的边不形成圈，选了 $n-1$ 条边后，就可以证明形成了一个最小支撑树。

避圈法介绍如下：

设 $G^{(k)}$ 是 G 的无圈支撑子图，开始 $G^{(0)}=(V,\Phi)$。若 $G^{(k)}$ 是连通的，则它是最小支撑树；若 $G^{(k)}$ 不连通，取边 $e^{(k)}$ 的两个端点分属 $G^{(k)}$ 的两个不同连通分支，并且权最小。令 $G^{(k+1)}=G^{(k)}+e^{(k)}$，重复上述过程。

该算法的复杂度主要由对边的排序算法的复杂度决定。

另一个求最小支撑树算法和圈有关，它是从连通图中寻找圈，然后在圈中删去权最大的边，最后剩下的无圈连通图为最小支撑树。

破圈法：设 $G^{(k)}$ 是 G 的连通支撑子图，开始 $G^{(0)}=G$，若 $G^{(k)}$ 中不含圈，则它是最小支撑树；若 $G^{(k)}$ 中包含圈，设 μ 是 $G^{(k)}$ 中的一个圈，取 μ 上的一条权最大的边 $e^{(k)}$，令 $G^{(k+1)}=G^{(k)}-e^{(k)}$，重复上述过程。

上面算法可以形象地称为破圈法，其实现过程需要在一个图中寻找圈。

例 5.5 对于一个无向图 G，如何寻找其中的圈？

解 首先，度为 1 的顶点肯定不在任何圈上，将这类悬挂点删去不影响对圈的寻找，通过逐步删去图中度为 1 的顶点而使图简化。如果一个图不含度为 1 的端，可以从任意一个端出发漫游，由于有限性，端一定会重复，而这就找到了一个圈。

上面算法的实施过程，都是一种贪心法原理的应用。从局部最优的结果中逐步寻找全局最优的结果。可以证明前面 3 个求最小支撑树的算法可以在全局上找到最优解。问题如果复杂，这种方法一般只能找到准最优解。

5.2.2 端间最短距离和路由

已知图 $G=(V,E)$，每条边 (i,j) 有权 $w_{i,j}\geqslant 0$，需要求网络中端点之间的最短距离和路由。这类问题分两种情况：①寻找指定端至其他端的最短距离和路由，这个问题可以使用 Dijkstra 算法解决；②寻找任意两端最短距离和路由，这个问题可以使用 Floyd 算法解决。

1. 指定端至其他端最短距离和路由——Dijkstra 算法

Dijkstra 算法的过程采用反圈来描述。暂时不考虑端有权，对于端有权的情况稍后处理。v_1 为起点，每个端点 v_i 的标号为 (λ_i,l)，其中 λ_i 表示 v_1 到 v_i 的距离，而 l 为端点标号，这个端点是 v_1 到 v_i 最短路径上的最后一个端点，这种路由的方法也叫做回溯路由或反向路由。算法的核心是每次在反圈上确定一个新的最短距离值，另外 v_1 到 $X^{(k)}$ 中的端点的最短距离值均已求得。

图 $G=(V,E)$ 的每一边上有一个权 $w(e)\geqslant 0$。

设 μ 是 G 中的一条链，定义链 μ 的权为 $w(\mu)=\sum\limits_{e\in\mu}w(e)$。

Dijkstra(1959 年)算法可以简述如下：

(1) 初始 $X^{(0)}=\{v_1\}$，记 $\lambda_1=0$，并且 v_1 的标号为 $(\lambda_1,1)$。

(2) 对任一边 $(i,l)\in$ 反圈 $\Phi[X^{(k)}]$ $(v_i\in X^{(k)},v_l\notin X^{(k)})$，计算 $\lambda_i+w_{i,l}$ 的值。

- 在 $\Phi[X^{(k)}]$ 中选一边，设为 (i_0,l_0) $(v_{i_0}\in X^{(k)},v_{l_0}\notin X^{(k)})$；
- 使 $\lambda_{i_0}+w_{i_0,l_0}=\min\limits_{(i,l)\in\Phi[X^{(k)}]}\{\lambda_i+w_{i,l}\}$，并令 $\lambda_{l_0}=\lambda_{i_0}+w_{i_0,l_0}$，并且 v_{l_0} 的标号为 (λ_{l_0},i_0)。

(3) 当出现下面情况之一时停止。

情况 1：目的端 v_j 满足 $v_j\in X^{(k)}$；

情况 2：目的端 v_j 满足 $v_j\notin X^{(k)}$，但 $\Phi[X^{(k)}]=\varnothing$。

因为每条边的权非负，这样在算法的第 2 步中选出的边，可以确保 v_1 到 v_{l_0} 的距离最小，每次确定一个端点的标号或 v_1 到该端的距离和路由。当选中一条边后，将它的端并入 $X^{(k)}$，形成 $X^{(k+1)}$。情况 1 是正常中止，情况 2 是异常中止。

Dijkstra 算法计算量约为 $O(n^2)$。在算法的第 2 步中，有许多重复计算，如果将这些重复计算节约，算法复杂度可以降低到 $O(n\log_2 n)$。Dijkstra 算法采用的方法为标号置定法(Label-setting)，每次确定一个端的标号，而 Floyd 算法将采用一种不同的策略标号修改法(Label-correcting)。后一种策略更加合理，使用范围更广。

对于 Dijkstra 算法，提出若干问题如下：

(1) 如果端点有权如何处理？

(2) 如果边的权可正可负，算法是否仍然有效？

(3) 算法是否对有向图也适用？

如果端点有权，可以考虑对图做如下变换：如果端点 v_i 的权为 w_i，将 w_i 的 1/2 加到 v_i 的所有邻边上，这样新图的端就没有权，可以应用 Dijkstra 算法求解。最后，将终点的权从相应的总距离中除去，对距离做一点修正即可。在这种修正中，新图中计算的距离恰好考虑端的权。

如果边的权可正可负，无法保证算法的第 2 步中选出的边使 v_1 到 v_{l_0} 的距离最小，所以算法不能应用在这种情形。

仔细考虑算法的过程，算法没有要求网络为无向图，算法对有向图适用。

值得注意的是，如果附加一些额外条件，那么问题便很复杂了。如果边有两个权，相应的算法就复杂得多，并且很可能无多项式算法。

例 5.6 在图5.6中求 v_1 到其余端点的最短距离和路由。

计算如表 5.1 所示。

表 5.1 例 5.6 表

v_1	v_5	v_2	v_3	v_4	置定端	距离	路由
$\boxed{0}$	∞	∞	∞	∞	1	0	1
	8	4	$\boxed{2}$	6	3	2	1
	8	$\boxed{3}$		5	2	3	3
	6			$\boxed{5}$	4	5	3
	$\boxed{6}$				5	6	2

图 5.6 例 5.6 图

每次或每行确定了一个端点的标号，并且逐次完成各端点标号的更新。

例 5.7 深度优先和广度优先搜索。

如果要搜索的环境为图 $G=(V,E)$，每条边赋权 1，搜索的起点为 v_1，应用 Dijkstra 算法求 v_1 到任意端 v_i 的距离，距离 λ_i 表示了端 v_i 的"代"数，则广度优先搜索可以简述如下：

(1) 开始取 v_1 作为 $X^{(0)}$。

(2) 在 $\Phi[X^{(k)}]$中选边时，遵守如下原则：首先在 $X^{(k)}$ 中选一个"代"数最小的端，如 v_i，然后选所有以 v_i 为端点的边。如果 v_i 的标号为(λ_i,l)，则选中边的相邻端的标号应为(λ_i+1,i)；将新的端点加入到 $X^{(k)}$ 形成 $X^{(k+1)}$。

(3) 如果在某一步，$\Phi[X^{(k)}]=\varnothing$，表明图不连通；如果在某一步，$X^{(k)}=V$，结束。

注意，标号记录了该端的"代"数和搜索到该端的路由。

对于深度优先搜索如下：

(1) 开始取 v_1 作为 $X^{(0)}$。

(2) 在 $\Phi[X^{(k)}]$中选边时，遵守如下原则：只选一条边，该边在 $X^{(k)}$ 中的端的"代"数最大；将新的端点加入到 $X^{(k)}$ 形成 $X^{(k+1)}$。

(3) 如果在某一步，$\Phi(X^{(k)})=\varnothing$，表明图不连通；如果在某一步，$X^{(k)}=V$，结束。

如果在深度优先搜索中，每选一条边，记录回溯路由，深度优先搜索的路由自然可以获得。深度优先和广度优先搜索是两种常见的搜索方式，根据情况可以选用不同的策略。需要注意，不论深度优先和广度优先搜索，选中的边组成一个支撑树。

2. 所有端间最短路径算法——Floyd 算法

Floyd 算法解决了图 G 中任意端间的最短路径和路由，并且采用和 Dijkstra 算法不同的策略。首先讨论说明 Floyd 算法的依据。

定理 5.4 对于图 G，如果 $w(i,j)$ 表示端 i 和 j 之间的可实现的距离，那么 $w(i,j)$ 表示端 i 和 j 之间的最短距离当且仅当对于任意 i,k,j，有

$$w(i,j)\leqslant w(i,k)+w(k,j)$$

证明 首先，如果 $w(i,j)$ 表示端 i 和 j 之间的最短距离，则

$$w(i,j)\leqslant w(i,k)+w(k,j)$$

下面考虑充分性：

若 μ 是任一个从端 i 到端 j 的链，$\mu=(i,i_1,i_2,\cdots,i_k,j)$，则反复应用充分条件，有

$$\begin{aligned}w(i,j)&\leqslant w(i,i_1)+w(i_1,j)\\&\leqslant w(i,i_1)+w(i_1,i_2)+w(i_2,j)\\&\leqslant\cdots\\&\leqslant w(i,i_1)+w(i_1,i_2)+w(i_2,i_3)+\cdots+w(i_k,j)=w(\mu)\end{aligned}$$

因为 $w(i,j)$ 表示端 i 和 j 之间的可实现的距离，则 $w(i,j)$ 表示端 i 和 j 之间的最短距离。

Floyd 算法实际上通过迭代运算消除不满足定理 5.4 的情况。具体在实现中，Floyd 算法使用两个矩阵表示：一个为距离矩阵；另一个为路由矩阵。在迭代过程中，路由矩阵依照距离矩阵变化。下面的算法中路由为前向或正向路由，前向路由记录了最短路由的下一个端点，而回溯路由记录终点的前一个端点。

Floyd 算法介绍如下：

给定图 G 及其边 (i,j) 的权 $w_{i,j}$ $(1\leqslant i\leqslant n,1\leqslant j\leqslant n)$，则

F_0：初始化距离矩阵 $\boldsymbol{W}^{(0)}$ 和路由矩阵 $\boldsymbol{R}^{(0)}$ 为

$$\boldsymbol{W}^{(0)}=[w_{i,j}^{(0)}]_{n\times n},\boldsymbol{R}^{(0)}=[r_{i,j}^{(0)}]_{n\times n}$$

其中

$$w_{i,j}^{(0)}=\begin{cases}w_{i,j} & e_{i,j}\in E\\ \infty & e_{i,j}\notin E\\ 0 & i=j\end{cases}$$

$$r_{i,j}^{(0)}=\begin{cases}j & w_{i,j}^{(0)}\neq\infty\\ 0 & \text{其他}\end{cases}$$

F_1：已求得 $\boldsymbol{W}^{(k-1)}$ 和 $\boldsymbol{R}^{(k-1)}$，依据下面的迭代求 $\boldsymbol{W}^{(k)}$ 和 $\boldsymbol{R}^{(k)}$：

$$w_{i,j}^{(k)}=\min\{w_{i,j}^{(k-1)},w_{i,k}^{(k-1)}+w_{k,j}^{(k-1)}\}$$

$$r_{i,j}^{(k)}=\begin{cases}r_{i,k}^{(k-1)} & w_{i,j}^{(k)}<w_{i,j}^{(k-1)}\\ r_{i,j}^{(k-1)} & w_{i,j}^{(k)}=w_{i,j}^{(k-1)}\end{cases}$$

F_2:若 $k<n$,重复;$k=n$,终止。

上面的路由方法为前向路由,容易更改算法使它的路由变为回溯路由。

算法要执行 n 次迭代,第 k 次迭代的目的是允许经过端 k 转接,考察是否可以使各端之间距离缩短。前 k 次迭代的目的是允许经过端 $1,2,\cdots,k$ 转接,考察是否可以使各端之间距离缩短。容易估计 Floyd 算法的计算量为 $O(n^3)$。从本质上讲,Floyd 算法的迭代过程就是保证对任意 i,k,j,有 $w(i,j)\leqslant w(i,k)+w(k,j)$成立。

对于 Floyd 算法,同样提出若干问题:

(1) 如果端点有权如何处理?

(2) 如果边的权可正可负,算法是否仍然有效?

(3) 算法是否对有向图也适用?

问题(1)和(3)在 Dijkstra 算法中有过讨论,这里重点讨论问题(2)。

Floyd 算法并不需要边的权为非负这样一个条件,适用范围比 Dijkstra 算法广。为了说明 Floyd 算法的适用范围,需要说明一个概念——负圈。负圈就是一个有向圈,圈上权的和为负值。可以证明如果图中有负圈,Floyd 算法也不成立;事实上,在有负圈的网络中,寻找端间最短距离和路由是困难问题。但如果要在图中寻找负圈,Floyd 算法正好可以解决这个问题。在 Floyd 算法迭代过程中,如果出现某 $w_{i,i}^{(k)}<0$,表明沿某个路由 i 到 i 的距离为负,也就是有一个负圈存在,同时路由矩阵指明负圈的组成,算法停止。有了这样的考虑,在使用 Floyd 算法时,并不需要考虑图中是否有负权的边,如果不出现某 $w_{i,i}^{(k)}<0$,最后的迭代结果就是各个端点之间的最短距离和路由,而如果出现某 $w_{i,i}^{(k)}<0$,说明有负圈,算法停止。

在实际问题中,除了求最短路径外,可能求次短径等其他可用径。另外可能求一批满足某种限制条件的路径(如限径长、限转接次数等)。但这些问题一般没有多项式算法,可以根据实际情况采用某种贪心策略获得近似解。在 5.4 节中介绍了一个双权问题,解决了一类这样的问题。在通过 Floyd 算法得到任意两端之间的最短距离和路由后,可以求得中心和中点。

已知图 $G=(V,E)$为权图,根据 Floyd 算法的结果可以定义网络的中心和中点。

(1) 中心

- 对每个端点 i,先求$\max\limits_{j}\{w_{i,j}^{(n)}\}$;
- 此值最小的端称为网的中心,即满足下式的端 i^*:

$$\max_{j}\{w_{i^*,j}^{(n)}\}=\min_{i}\{\max_{j}(w_{i,j}^{(n)})\}$$

- 网的中心宜做维修中心和服务中心。

(2) 中点

对每个端点 i,计算 $s_i=\sum\limits_{j}w_{i,j}^{(n)}$,然后求出 s_i 的最小值,相应的端点为中点。

网的中点可用作全网的交换中心。

例 5.8 图 G 的距离矩阵如下，用 Floyd 算法求任意端间最短距离和路由，并求中心和中点。

$$
\boldsymbol{w}^{(0)}=\begin{pmatrix}
0 & \infty & \infty & 1.2 & 9.2 & \infty & 0.5\\
\infty & 0 & \infty & 5 & \infty & 3.1 & 2\\
\infty & \infty & 0 & \infty & \infty & 4 & 1.5\\
1.2 & 5 & \infty & 0 & 6.7 & \infty & \infty\\
9.2 & \infty & \infty & 6.7 & 0 & 15.6 & \infty\\
\infty & 3.1 & 4 & \infty & 15.6 & 0 & \infty\\
0.5 & 2 & 1.5 & \infty & \infty & \infty & 0
\end{pmatrix}
$$

解 距离矩阵包含了邻接矩阵和权的所有信息，并且由于编程的原因，初始化和 F_0 有所不同，将∞用 100 代替。中间结果省略，依照 Floyd 算法计算结果如下：

$$
\boldsymbol{w}^{(1)}=\begin{pmatrix}
0.00 & 100 & 100 & 1.20 & 9.20 & 100 & 0.50\\
100 & 0.00 & 100 & 5.00 & 100 & 3.10 & 2.00\\
100 & 100 & 0.00 & 100 & 100 & 4.00 & 1.50\\
1.20 & 5.00 & 100 & 0.00 & 6.70 & 100 & 1.70\\
9.20 & 100 & 100 & 6.70 & 0.00 & 15.60 & 9.70\\
100 & 3.10 & 4.00 & 100 & 15.60 & 0.00 & 100\\
0.50 & 2.00 & 1.50 & 1.70 & 9.70 & 100 & 0.00
\end{pmatrix}
$$

$$
\boldsymbol{R}^{(1)}=\begin{pmatrix}
0 & 2 & 3 & 4 & 5 & 6 & 7\\
1 & 0 & 3 & 4 & 5 & 6 & 7\\
1 & 2 & 0 & 4 & 5 & 6 & 7\\
1 & 2 & 3 & 0 & 5 & 6 & 1\\
1 & 2 & 3 & 4 & 0 & 6 & 1\\
1 & 2 & 3 & 4 & 5 & 0 & 7\\
1 & 2 & 3 & 1 & 1 & 6 & 0
\end{pmatrix}
$$

最后结果如下：

$$
\boldsymbol{w}^{(7)}=\begin{pmatrix}
0.00 & 2.50 & 2.00 & 1.20 & 7.90 & 5.60 & 0.50\\
2.50 & 0.00 & 3.50 & 3.70 & 10.40 & 3.10 & 2.00\\
2.00 & 3.50 & 0.00 & 3.20 & 9.90 & 4.00 & 1.50\\
1.20 & 3.70 & 3.20 & 0.00 & 6.70 & 6.80 & 1.70\\
7.90 & 10.40 & 9.90 & 6.70 & 0.00 & 13.50 & 8.40\\
5.60 & 3.10 & 4.00 & 6.80 & 13.50 & 0.00 & 5.10\\
0.50 & 2.00 & 1.50 & 1.70 & 8.40 & 5.10 & 0.00
\end{pmatrix}
$$

$$
\boldsymbol{R}^{(7)}=\begin{pmatrix}
0 & 7 & 7 & 4 & 4 & 7 & 7\\
7 & 0 & 7 & 7 & 7 & 6 & 7\\
7 & 7 & 0 & 7 & 7 & 6 & 7\\
1 & 1 & 1 & 0 & 5 & 1 & 1\\
4 & 4 & 4 & 4 & 0 & 4 & 4\\
2 & 2 & 3 & 2 & 2 & 0 & 2\\
1 & 2 & 3 & 1 & 1 & 2 & 0
\end{pmatrix}
$$

对于中心和中点，根据 $\boldsymbol{w}^{(7)}$ 的计算结果可以得到：

$$t_i=7.9,10.4,9.9,6.8,13.5,13.5,8.4$$

$$s_i=19.7,25.2,24.1,23.2,56.8,38.1,19.2$$

从而，图的中心为 v_4，中点为 v_7。

5.3　网络流量问题

网络的目的是把一定的业务流从源端送到宿端，流量分配的优劣将直接关系到网络的使用效率和相应的经济效益。网络的流量分配受限于网络的拓扑结构，边和端的容量，流量分配和路由规划关系密切。本节中关于流量问题的内容均在有向图上考虑，并且均是单商品流问题，即网络中需要安排的只有一种商品或业务；关于多商品流的一个描述可以参见 4.6 节。通信网络的服务对象有随机性的特点，在第 2、3、4 章中论述过，本节中假设网络源和宿之间的流量为常量。

5.3.1　基本概念

给定一个有向图 $G=(V,E)$，$c(e)$ 是定义在边集合 E 上一个非负函数，称为容量；边 $e_{i,j}$ 的容量 $c_{i,j}$ 表示这条边能通过的最大流量。设 $f=\{f_{i,j}\}$ 是上述网络的一个流，该流有一个源 v_s 和一个宿 v_t，若能满足下述两个限制条件，称为可行流。

① 非负有界性：对任意边 $e_{i,j}$ 有，$0\leqslant f_{i,j}\leqslant c_{i,j}$；

② 连续性：对任意端 v_i，有

$$
\sum_{(i,j)\in E} f_{i,j}-\sum_{(j,i)\in E} f_{j,i}=\begin{cases}F & v_i\text{ 为源端 } v_s\\ -F & v_i\text{ 为宿端 } v_t\\ 0 & \text{其他}\end{cases}
$$

其中，$F=v(f)$ 为源宿间流 $\{f_{i,j}\}$ 的总流量。

①和②共有 $2m+n$ 个限制条件，其中①是在每条边上的限制，②是在每个端上的限制，条件②表明大小为 $v(f)=F$ 的流从源 v_s 出发，经过网络，流量安排如 $f=\{f_{i,j}\}$，最后

到达宿 v_t，满足上述限制条件的流称为可行流。

需要解决的基本问题分为两类：

(1) 最大流问题

在确定流的源和宿的情况下，求一个可行流 f，使 $v(f)=F$ 为最大。

(2) 最小费用流问题

如果边 $e_{i,j}$ 的单位流费用为 $d_{i,j}$，则流 f 的费用为

$$C = \sum_{(i,j)\in E} d_{i,j} f_{i,j}$$

所谓最小费用流问题为在确定流的源和宿以及流量的情况下，求一个可行流 f，使 C 为最小。

为了解决这些问题，首先介绍割量和可增流路的概念。

设 X 是 V 的真子集，且 $v_s\in X, v_t\in X^c$，(X,X^c) 表示起点和终点分别在 X 和 X^c 的边集合，这个集合当然为一个割集，割集的正方向为从 v_s 到 v_t。

割量 $C(X,X^c)$ 表示这个割集中所有边容量的和：

$$C(X,X^c) = \sum_{v_i\in X, v_j\in X^c} c_{i,j}$$

直观上，任意从 v_s 到 v_t 的流的流量应该不大于割量 $C(X,X^c)$。

对可行流 $f=\{f_{i,j}\}$，用

· $f(X,X^c)$ 表示前向边的流量和，$f(X,X^c) = \sum_{v_i\in X, v_j\in X^c} f_{i,j}$；

· $f(X^c,X)$ 表示反向边的流量和，$f(X^c,X) = \sum_{v_i\in X^c, v_j\in X} f_{i,j}$；

对源为 v_s 宿为 v_t 的任意流 f，有

性质 5.7 $v(f)=f(X,X^c)-f(X^c,X)$，其中 $v_s\in X, v_t\in X^c$。

证明 根据条件，对任 $v_i\in X$，有

$$\sum_{v_j\in V} f_{i,j} - \sum_{v_j\in V} f_{j,i} = \begin{cases} F & v_i = v_s \\ 0 & v_i \neq v_s \end{cases}$$

对所有 $v_i\in X$，将上式求和，得

$$\sum_{v_i\in X}\sum_{v_j\in V} f_{i,j} - \sum_{v_i\in X}\sum_{v_j\in V} f_{j,i} = \sum_{v_i\in X}\sum_{v_j\in X^c} f_{i,j} - \sum_{v_i\in X}\sum_{v_j\in X^c} f_{j,i}$$

$$= f(X,X^c) - f(X^c,X) = F = v(f)$$

性质 5.8 $F\leqslant C(X,X^c)$。

由条件及 $f(X,X^c)$ 非负，则

$$F=f(X,X^c)-f(X^c,X)\leqslant f(X,X^c)\leqslant C(X,X^c)$$

性质 5.8 说明这样一个事实，如果某一个流的流量和某一个割的割量一样，则这个割集有最小割量，这个流有最大流量。

下面讨论可增流路的概念，这是一个特殊的道路，沿这个道路可以自然将流量增加。

从端 s 到端 t 的一个道路，有一个自然的正方向从端 s 到端 t，然后将路上的边分为两类：前向边集合和反向边集合。对于某条流，若在某条路中，前向边均不饱和（$f_{i,j}<c_{i,j}$），反向边均有非 0 流量（$f_{i,j}\neq 0$），称这条路为可增流路。未来可以仅在这个道路上增加流量，同时不改变其他边上的流量，由于连续性条件容易被满足，并且可以使从源端到宿端的流量增大，这样可以从一个旧的流过渡到一个新的流。

若流$\{f_{i,j}\}$已达最大流，则从源至宿端的每条路都不可能是可增流路，即每条路至少含一个饱和的前向边或流量为零的反向边。

5.3.2 最大流问题

所谓最大流问题，就是在确定流的源端和宿端的情况下，求一个可行流 f，使 $v(f)$ 为最大。对于一个网络，求最大流的方法采用可增流路的方法，定理 5.5 为这种方法提供了保证。

设网络为图 $G=(V,E)$，源端为 v_s，宿端为 v_t。

定理 5.5 （最大流-最小割定理）可行流 $f^*=\{f^*_{i,j}\}$为最大流，当且仅当 G 中不存在从 v_s 到 v_t 的可增流路。

证明

必要性：设 f^* 为最大流，如果 G 中存在关于 f^* 的从 v_s 到 v_t 的可增流路 μ，并且 μ^+ 表示前向边集合，μ^- 表示反向边集合。由于 μ 为可增流路，则

$$\theta=\min\{\min_{(i,j)\in\mu^+}(c_{i,j}-f^*_{i,j}),\ \min_{(i,j)\in\mu^-}(f^*_{i,j})\}>0$$

构造一个新流 f 如下：

- 如果$(i,j)\in\mu^+$，$f_{i,j}=f^*_{i,j}+\theta$；
- 如果$(i,j)\in\mu^-$，$f_{i,j}=f^*_{i,j}-\theta$；
- 如果$(i,j)\notin\mu$，$f_{i,j}=f^*_{i,j}$。

不难验证新流 f 为一个可行流，而且 $v(f)=v(f^*)+\theta$，矛盾。

充分性：设 f^* 为可行流，G 中不存在关于这个流的可增流路。令 $X^*=\{v|G$ 中存在从 v_s 到 v 的可增流路$\}$，从而 $v_s\in X^*$，$v_t\notin X^*$。

对于任意边$(i,j)\in(X^*,X^{*c})$，有 $f^*_{i,j}=c_{i,j}$，对于任意边$(i,j)\in(X^{*c},X^*)$，有 $f^*_{i,j}=0$，这样，$v(f^*)=c(X^*,X^{*c})$，那么流 f^* 为最大流，(X^*,X^{*c})为最小割，证毕。

在网络处于最大流的情况下，每个割集的前向流量减反向流量均等于最大流量且至少存在一个割集(X^*,X^{*c})，其每条正向边都是饱和的，反向边都是零流量；其割量在诸割中达最小值，并等于最大流量。

性质 5.9 如果所有边的容量为整数，则必定存在整数最大流。

从一个全零流开始考虑，由于每条边的容量为整数，根据定理 5.5 的方法增流，θ 总

为整数，这样保证每步得到一个新的整数流，最后得到一个整数最大流。

根据定理5.5，为了求从 v_s 到 v_t 的最大流，可以在任意一个可行流的基础上找 v_s 到 v_t 的可增流路，然后在此路上增流；继续寻找新流的可增流路，直至无可增流路时，停止。下面的过程是定理5.5的体现。

M 算法：从任一可行流开始，通常以零流 $\{f_{i,j}=0\}$ 开始。

(1) 标志过程：从 v_s 开始给邻端加标志，加上标志的端称已标端；一个端有标号的意思就是从 v_s 到这个端有可增流路，标号给出了可增流路的路由和可增加幅度。

(2) 选查过程：从 v_s 开始选查已标未查端，查某端，即标其可能增流的邻端，所有邻端已标，则该端已查。标志宿端，则找出一条可增流路到宿端，进入增流过程。

(3) 增流过程：在已找到的可增流路上增流，得到新的可行流，然后返回(1)。

具体步骤如下：

M_0——初始令 $f_{i,j}=0$；

M_1——标源端 v_s：$(+,s,\infty)$；

M_2——从 v_s 开始，查已标未查端 v_i，即标 v_i 的满足下列条件的邻端 v_j，若 $(v_i,v_j)\in E$，且 $c_{i,j}>f_{i,j}$，则标 v_j 为：$(+,i,\varepsilon_j)$；其中 $\varepsilon_j=\min\{c_{i,j}-f_{i,j},\varepsilon_i\}$，$\varepsilon_i$ 为 v_i 已标值；若 $(v_j,v_i)\in E$，且 $f_{j,i}>0$，则标 v_j 为：$(-,i,\varepsilon_j)$，其中 $\varepsilon_j=\min\{f_{j,i},\varepsilon_i\}$，$\varepsilon_i$ 为 v_i 已标值，其他端 v_j 不标。

所有能加标的邻端 v_j 已标，则称 v_i 已查。倘若所有端已查且宿端未标，则算法终止。

M_3——若宿端 v_t 已标，则沿该可增流路增流。

M_4——返回 M_1。

对于计算复杂量的问题，上面的算法并不是多项式算法，有人曾给出下面极端的例子说明该算法并不是多项式算法。

例5.9 如图5.7所示，一个4个节点的网络，求 v_s 至 v_t 的最大流量。假设按前述算法，并且按如下顺序交替从 $\{f_{i,j}=0\}$ 开始增流：

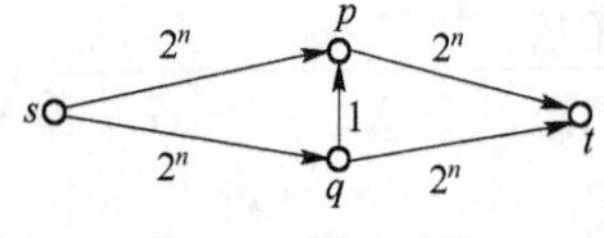

图5.7 例5.9图

- $s\to q\to p\to t$ 增流1；
- $s\to p\to q\to t$ 增流1。

显然，这样需要 2^{n+1} 步增流才能找到 $v_s\to v_t$ 的最大流，流量为 2^{n+1}。

这个例子说明前述算法虽然能够达到最大流，但是由于没有明确指明增流方向，导致有可能像这个例子一样，效率很低，这个例子的计算工作量与边容量有关。1972年，Edmonds和Karp修改了上述算法，在 M_2 步骤时采用FIFO原则，即将已标未查端排成一个队列，在检查已标未查的端时采用广度优先的策略，新算法的计算复杂度为多项式级。后来，人们提出了许多改进的算法，如Dinits算法等，其主要思想是赋予网络一些新的结构可以使算法在 M_2 中节约计算量。

上面的算法是针对有向图且端无限制的情况。若是有无向边，端容量及多源多宿的情况可以进行一些变换，化为上述标准情形。

首先，如果是无向边，如端 v_i 和端 v_j 之间为无向边，容量为 $c_{i,j}$，那么将它们化为一对单向边 (v_i, v_j) 和 (v_j, v_i)，并且它们的容量均为 $c_{i,j}$。

如果端 v_i 有转接容量限制 c_i，可将 v_i 化为一对顶点 v'_i，v''_i，原终止于 v_i 的边全部终止于 v'_i，原起始于 v_i 的边均起始于 v''_i，且从 v'_i 至 v''_i 有一条边容量为 c_i。

对多源多宿的情况，设原有源为 $v_{s1}, v_{s2}, \cdots$，原有宿为 $v_{t1}, v_{t2}, \cdots$，要求从源集到宿集的最大流量，可以虚拟一个新的源 v_s 和新的宿 v_t，新源 v_s 到原源 $v_{s1}, v_{s2}, \cdots$ 的各边容量均为无限大，原宿 $v_{t1}, v_{t2}, \cdots$ 到新宿 v_t 的各边容量也为无限大，这样多源多宿的问题就化为从 v_s 到 v_t 的最大流问题，容易说明新网络中从 v_s 到 v_t 的最大流等价于原网络中从 $v_{s1}, v_{s2}, \cdots$ 到 $v_{t1}, v_{t2}, \cdots$ 的最大流，如图 5.8 所示。

在例 5.10 中，将应用 M 算法求 v_s 到 v_t 的最大流。

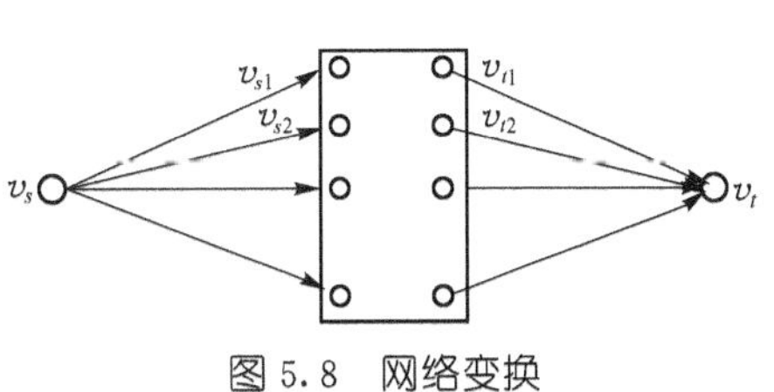

图 5.8 网络变换

例 5.10 求图 5.9 中从 v_s 到 v_t 的最大流，图中每边上的数字为该边的容量。

解 首先，从全零流开始对 v_s 标号，v_s：$(+, s, \infty)$。其次，给 v_s 的邻端 v_1 和 v_2 标号，v_1：$(+, s, 5)$，v_2：$(+, s, 3)$。从 v_1 出发，可以给 v_3 标号，v_3：$(+, 1, 2)$。当从 v_3 给 v_t 标号时，v_t：$(+, 3, 2)$。找到了一个从 v_s 到 v_t 的可增流路，$f_{s1}=2$，$f_{13}=2$，$f_{3t}=2$，流量 $v(f)=2$，从这个可行流出发，重新从 v_s 开始给各个端点标号。

v_s：$(+, s, \infty)$。

v_1：$(+, s, 3)$，v_2：$(+, s, 3)$。

如果从 v_1 出发，并不能给邻端标号。

如果从 v_2 给邻端标号，v_4：$(+, 2, 3)$。

从 v_4 给 v_t 标号，v_t：$(+, 4, 3)$。

这样，从 v_s 到 v_t 的可行流改变为：$f_{s2}=f_{24}=f_{4t}=3$，$f_{s1}=f_{13}=f_{3t}=2$，总流量 $v(f)=5$。

最大流安排如图 5.10 所示。考虑集合 $Z=\{v_s, v_1\}$，在 (Z, Z^c) 中所有边均饱和，在 (Z^c, Z) 中所有边均有零流量，故 (Z, Z^c) 为最小割，割量为 5；最大流流量 $v(f)=5$。

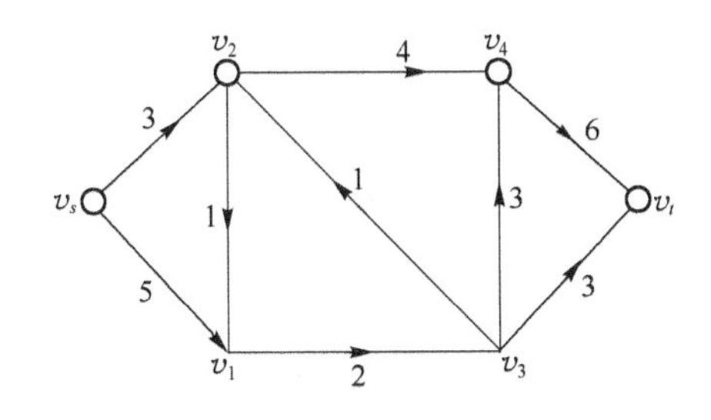

图 5.9 例 5.10 图

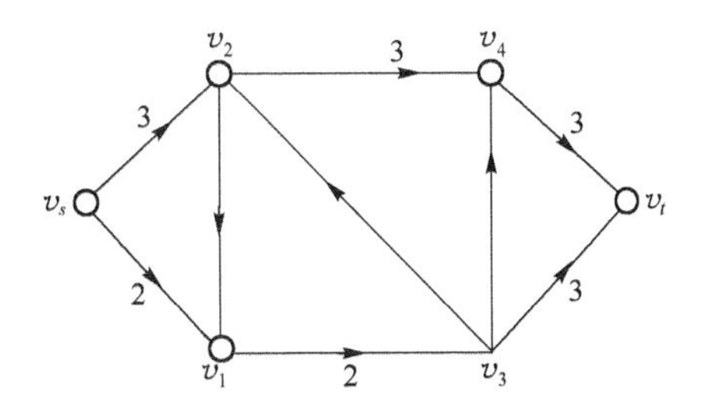

图 5.10 最大流的安排

5.3.3 最小费用流问题

如果网络为图 $G=(V,E)$，源端为 v_s，宿端为 v_t。边 (i,j) 的单位流费用为 $d_{i,j}$，则流 f 的费用为

$$C=\sum_{(i,j)\in E} d_{i,j}f_{i,j}$$

所谓最小费用流问题为：在确定流的源和宿以及流量的情况下，求一个可行流 f，使 C 最小。

最小费用流问题是线性规划问题，可以使用线性规划的方法求解，也可用图论方法求解，效率更高。对于它的存在性可以这样理解：流量为 $v(f)=F$ 的可行流一般不是惟一的，这些不同的流的费用一般也不一样，有一个流的费用最小。寻找最小费用流，可以用负价环法（Klein，1967 年）。所谓负价环的定义如下：在一个边的权可正可负的网络中，负价环为有向环，同时环上费用的和为负。负价环也就是 5.2 节中的负圈。

负价环算法的依据为定理 5.6。为了介绍定理 5.6，首先需要了解流 f 的补图，生成流 f 补图的方法如下：

- 对于所有边 $e_{i,j}$，如果 $c_{i,j}>f_{i,j}$，构造边 $e_{i,j}^1$，容量为 $c_{i,j}-f_{i,j}$，单位流费用为 $d_{i,j}$；
- 对于所有边 $e_{i,j}$，如果 $f_{i,j}>0$，构造边 $e_{j,i}^2$，容量为 $f_{i,j}$，单位流费用为 $-d_{i,j}$。

负价环法使用调整法来改变可行流的安排，并且调整仅仅在环上进行，调整在负价环上进行，可以降低流的费用，同时容易过渡到一个新的可行流。补图每条边上的流表示对原来流的调整，和原边同向边上的流表示使原来流量增加，而反向边上的流表示使原来的流量减少，故费用有正负之分。下面不加证明地引用定理 5.6。

定理 5.6 流 f^* 为最小费用流当且仅当关于流 f^* 的补图中不存在负价环。

有了定理 5.6 之后，可以随意寻找一个流量符合要求的可行流，在它的补图中寻找负价环，如果找到负价环，沿环可以改变可行流的安排，进而降低费用；如果找不到负价环，则这个流已经是最小费用流。定理 5.6 保证关于可行流的调整可以仅仅依照环这种简单结构进行。

负价环算法的具体步骤如下：

- K_0——在图 G 上找任意流量为 F 的可行流 f。
- K_1——做流 f 的补图。
- K_2——在补图上找负价环 C^-。若无负价环，算法终止。
- K_3——如果有负价环，在负价环 C^- 上沿环方向使各边增流，增流数为

$$\delta=\min_{(i,j)\in C^-}\{c_{i,j}^*\}$$

- K_4——修改原图的每边的流量，得新可行流。
- K_5——返回 K_1。

在 K_3 中，沿负价环调整流量，容易验证新的流为同样流量的可行流。

例 5.11 如图 5.11 所示,已知一个网络每边的容量和费用 $c_{i,j}$,$d_{i,j}$,要求流量 $F=9$。求最小费用流。

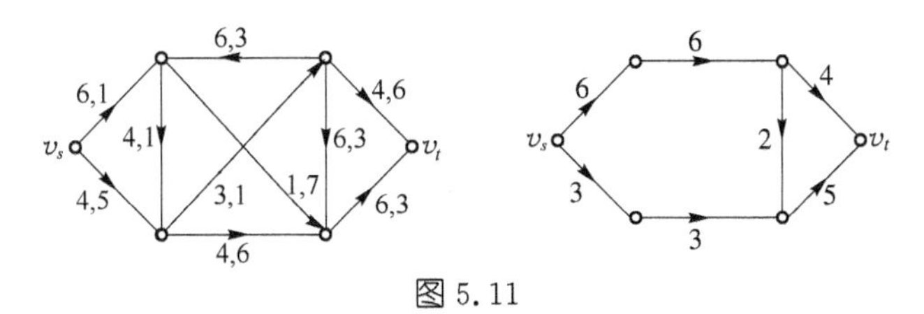

图 5.11

解 可以根据求最大流的方法寻找一个可行流,如右面可行流流量为 9,总费用为 $C=102$。下面对这个流做补图,如图 5.12 所示,有一个负价环,调整可行流后的总费用为 $C=96$。新的可行流安排如图 5.13 所示。

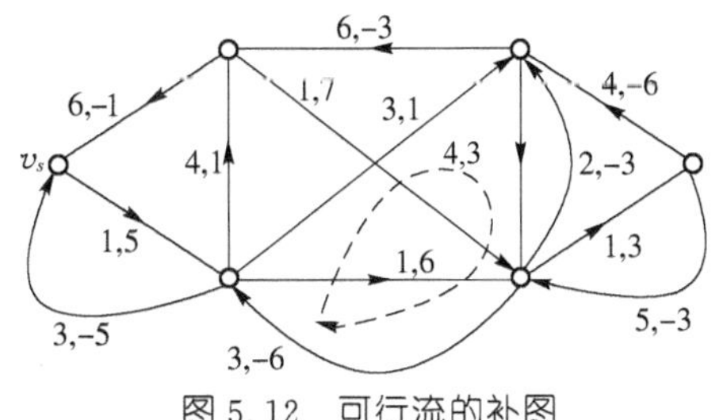

图 5.12 可行流的补图

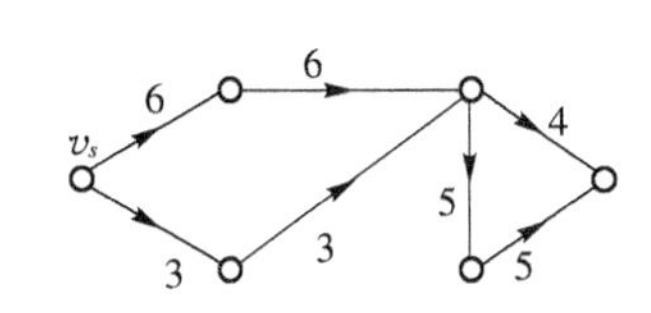

图 5.13 新的可行流

$$\delta=\min_{C^-}\{3,3,4\}-3$$

这个新可行流的补图如图 5.14 所示。

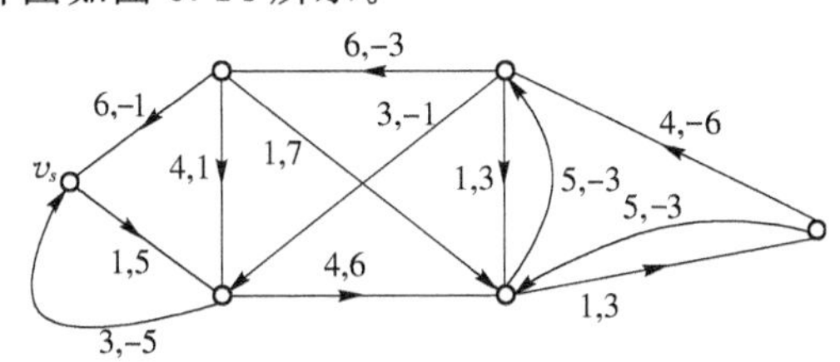

图 5.14 新可行流的补图

这个补图中不存在负价环,根据定理 5.6,这个流是最小费用流。

前面负价环的算法中,需要在补图中寻找负价环,这个问题可以应用 Floyd 算法解决。虽然 Floyd 算法不能解决有负权图中的最短路径问题,但 Floyd 算法可以在有负权图中找到负价环。在 Floyd 算法的迭代过程中,如果某个主对角线元素为负,说明某个端点到自己的距离为负,或者说存在一个负价环,同时路由矩阵说明了环的构成。最小费用流问题是网络流问题中比较综合的问题,和线性规划问题的关系非常密切,对于它的研究可以从许多方面展开,如果将寻找可行流和调整可行流结合会得到更好的算法。另外可以赋予补图额外的结构,提高效率。

5.4* 双权问题

在本节中，首先提出双权问题并进行讨论，并提出一个统一方法予以解决，这个方法是一个效率较高的近似解法。这个方法的本质是将双权问题通过变换转换为单权问题，从而可以利用许多单权问题的结果。这个方法在本节中被称为参数 t 方法。参数 t 方法可以解决最小支撑树、最短距离、最小费用流等问题的双权问题。

网络优化问题是非常重要的应用领域，许多问题(如最小支撑树、最短距离、最小费用流问题等)有许多很好的应用。许多网络问题的结果是关于单权问题的，也就是假设网络的边或端只有一个权，在这种假设下，问题得到较大的简化并有答案。但实际问题中，网络优化问题有许多限制，并且每边可以有不只一个权，此时的网络优化问题有很大的复杂性，而且许多问题的复杂度是非多项式的，此时找到效率高的近似解法就有较大的实际意义。本节中，推广单权问题为某类两权问题，也就是假设每边有两个权，提出并解决最小支撑树、最短距离、最小费用流问题的双权问题，实际上参数 t 方法能够解决较为广泛的一类问题，即目标函数和限制均为线性的一类问题。

如果图 $G(V,E)$ 每边只有一个权，已发展有许多算法来解决网络问题。例如，Prim 和 Kruskal 算法用来在连通图中寻找最小支撑树。Floyd 算法用来寻找所有端点对之间的最短距离和路由。Dijkstra 算法用来找到网络中某个端点到其他所有端点的最短距离和路由。Klein 算法用来寻找网络中的最小费用流的安排等。如果网络每边有多个权，网络优化问题一般都较复杂并且无多项式算法，可以应用拉格朗日松弛法解决多权问题，优点是方法具有一般性，但缺点是它需要解决一系列线性规划问题，计算复杂性较大。关于双权或多权问题一般较少论述。

5.4.1 最小支撑树的双权问题

图 $G=(V,E)$，每边 (i,j) 有两个权 $d_{i,j}$ 和 $e_{i,j}$，M 是一个常数。此时的最小支撑树问题是对权 $e_{i,j}$ 而言的，但是对权 $d_{i,j}$ 应满足限制条件，具体表述如下：

找到图 G 的支撑树 T，满足 $\sum\limits_{(i,j)\in T} d_{i,j} \leqslant M$，且使 $\sum\limits_{(i,j)\in T} e_{i,j}$ 达到最小。

如果 $t>0$ 是一个实数，构造图 $G^{(t)}$ 和图 G 有相同的拓扑结构，但边 (i,j) 有权 $d_{i,j}+t\times e_{i,j}$。对图 $G^{(t)}$，可以应用 Kruskal 或 Prim 算法找到最小支撑树 $T^{(t)}$。如果 $0<t_1<t_2$，则有性质 5.10。

性质 5.10

$$\sum_{(i,j)\in T^{(t_1)}} d_{i,j} \leqslant \sum_{(i,j)\in T^{(t_2)}} d_{i,j},\quad \sum_{(i,j)\in T^{(t_1)}} e_{i,j} \geqslant \sum_{(i,j)\in T^{(t_2)}} e_{i,j}$$

证明 不妨记 $D_r = \sum_{(i,j)\in T^{(t_r)}} d_{i,j}, E_r = \sum_{(i,j)\in T^{(t_r)}} e_{i,j}, r = 1,2$,则

$$D_1 + t_1 E_1 \leqslant D_2 + t_1 E_2, D_1 + t_2 E_1 \geqslant D_2 + t_2 E_2$$

从而有

$$t_1(E_1 - E_2) \leqslant D_2 - D_1 \leqslant t_2(E_1 - E_2)$$

又 $0 < t_1 < t_2$,故

$$E_2 \leqslant E_1, D_1 \leqslant D_2$$

本段的网络模型有许多的应用情况,这要依两种权的物理意义而定。如果对应某个 t,有 $\sum_{(i,j)\in T^{(t)}} d_{i,j} \leqslant M$,则这个 t 对应的是一个可行解。

5.4.2 最短路径的双权问题

图 $G=(V,E)$,每边 (i,j) 有两个权:$d_{i,j}$ 和 $e_{i,j}$,端的个数为 n。$\boldsymbol{M}$ 是一个 $n\times n$ 矩阵,它的每个元素均为常数(不一定相同)。如果图的边有一个权,可以应用 Floyd 算法求得端间的最短距离和路由。给定了一个路由矩阵 $\boldsymbol{R}$ 后,用矩阵 $\boldsymbol{W}_d$ 和 $\boldsymbol{W}_e$ 来表示依照路由矩阵 $\boldsymbol{R}$ 计算权 $d_{i,j}$ 和 $e_{i,j}$ 的距离,则最短路径问题表述如下:

找到网络中任两端之间的最短路径和路由,满足 $\boldsymbol{W}_d \leqslant \boldsymbol{M}$,且 $\boldsymbol{W}_e$ 达到最小。其中矩阵不等式 $\boldsymbol{A} \leqslant \boldsymbol{B}$ 表示对所有 i,j 有 $a_{i,j} \leqslant b_{i,j}$。

如果 $t>0$ 是一个实数,构造图 $G^{(t)}$ 和图 G 有相同的拓扑结构,但边 (i,j) 有权 $d_{i,j} + t\times e_{i,j}$。可以应用 Floyd 算法对图 $G^{(t)}$ 求得端间的最短距离和路由。假设路由矩阵是 $\boldsymbol{R}^{(t)}$,权矩阵是 $\boldsymbol{W}^{(t)}$。用矩阵 $\boldsymbol{W}_d^{(t)}$ 和 $\boldsymbol{W}_e^{(t)}$ 来表示依照路由矩阵 $\boldsymbol{R}^{(t)}$ 计算权 $d_{i,j}$ 和 $e_{i,j}$ 的距离,显然,$\boldsymbol{W}_d^{(t)} + t\boldsymbol{W}_e^{(t)} = \boldsymbol{W}^{(t)}$。如果 $0 < t_1 < t_2$,则有性质 5.11。

性质 5.11

$$\boldsymbol{W}_d^{(t_1)} \leqslant \boldsymbol{W}_d^{(t_2)}, \boldsymbol{W}_e^{(t_1)} \geqslant \boldsymbol{W}_e^{(t_2)}$$

证明 类似性质 5.10。

如果对每边 (i,j) 有 $d_{i,j}=1$,最短路径问题变成了非常熟悉的形式:求网络中任两端间的最短距离和路由,但最短路由的转接次数不大于一个确定的界。上面的问题也可以应用到 Dijkstra 算法的情形。如果对应某个 t,$\boldsymbol{W}_d^{(t)} \leqslant \boldsymbol{M}$,那么这个 t 对应的是一个可行解。

5.4.3 最小费用流的双权问题

图 $G=(V,E)$,每边 (i,j) 有两个费用或权 $d_{i,j}$ 和 $e_{i,j}$,M 是一个常数。f 是一个从某源至某宿的流,实际上 f 是边集 E 上的实函数,流 f 在边 (i,j) 上的值为 $f_{i,j}$。最小费用

流问题可以表述如下：

找到可行流 f 的安排，满足 $0 \leqslant f_{i,j} \leqslant c_{i,j}$，$\sum_{(i,j)\in E} d_{i,j} f_{i,j} \leqslant M$，并且 $\sum_{(i,j)\in E} e_{i,j} f_{i,j}$ 达到最小。

如果 $t>0$ 是一个实数，构造图 $G^{(t)}$ 和图 G 有相同的拓扑结构，但边 (i,j) 有容量 $c_{i,j}$ 和费用 $d_{i,j}+t\times e_{i,j}$。对网络 $G^{(t)}$，可以应用 Klein 算法找到最小费用流的安排 $f^{(t)}$。如果 $0<t_1<t_2$，则有性质 5.12。

性质 5.12

$$\sum_{(i,j)\in E} d_{i,j} f_{i,j}^{(t_1)} \leqslant \sum_{(i,j)\in E} d_{i,j} f_{i,j}^{(t_2)}$$

$$\sum_{(i,j)\in E} e_{i,j} f_{i,j}^{(t_1)} \geqslant \sum_{(i,j)\in E} e_{i,j} f_{i,j}^{(t_2)}$$

证明　类似性质 5.10 和性质 5.11。

如果对应某个 t，$0 \leqslant f_{i,j} \leqslant c_{i,j}$，$\sum_{(i,j)\in E} d_{i,j} f_{i,j} \leqslant M$，那么这个 t 对应的是一个可行解。

5.4.4 双权问题的解和计算复杂性

对于边有两个权的网络，提出了最小支撑树、最短路径和最小费用流的双权问题，并且应用了一个统一的方法将双权问题转换成了单权问题，这类单权问题含有一个变量 t，同时应用关于单权问题的相应结论得到了类似的性质。当 $t\to 0$ 和 $t\to\infty$ 时，网络优化问题变成了相应的单权优化问题。首先，令 $t=0$，解网络优化问题（实际上是单权 $d_{i,j}$ 问题），考虑原问题是否有可行解或满足关于权 $d_{i,j}$ 限制的解。如果有一个可行解，那么双权问题显然有最优解。在大多数情况下，网络优化问题在 $t=0$ 时有可行解，而在 $t=\infty$ 时没有可行解。由于有性质 5.10、5.11 和 5.12，随着 t 的增加可行值单调地变好；又如果最优解存在，那么它一定对应某个 t。注意到可行解的有限性，实际上最优解对应 t 的集合是一个 t 的区间。这样找最优解的任务变成了找最优解对应的 t 区间。

如果 $t=a_1$ 对应一个可行解，而 $t=b_1$ 对应一个非可行解，这样就有了第一个区间 $[a_1,b_1]$，然后对 $t=(a_1+b_1)/2$ 求解相应的最优问题，如果 $(a_1+b_1)/2$ 对应一个可行解，那么 $a_2=(a_1+b_1)/2$，$b_2=b_1$；如果 $(a_1+b_1)/2$ 不对应一个可行解，那么 $a_2=a_1$，$b_2=(a_1+b_1)/2$，这样就有了第二个区间 $[a_2,b_2]$；对 $n=1,2,3,\cdots$，得到区间序列 $[a_n,b_n]$，并且满足 $b_n-a_n=2^{-n+1}(b_1-a_1)$；同时 a_n 对应可行解，而 b_n 对应不可行解，$[a_n,b_n]$ 会很快收敛，从而有定理 5.7。

定理 5.7　如果 $t_0 \in \bigcap_{n=1}^{\infty}[a_n,b_n]$，$n=1,2,3,\cdots$，则 t_0 是原网络问题最优解对应的 t。

证明　由于性质 5.10、5.11 和 5.12 所示的单调性，保证 t_0 为最优。

当然在实际应用中，不可能反复迭代计算，需要知道迭代的次数和解的近似情况。由于二分法的收敛速度很快,保证了算法的收敛速度很快,同时由于最优解对应的最优 t 的集合是一个区间,这会使收敛的速度大大加快。另外一个特别大的优点是性质 5.10、5.11 和 5.12 保证每次迭代的结果不会比上一次差,这样如果某些应用对时间有较高的要求,迭代可以随时停止。每步都有一个近似可行解。定理 5.8 表明了迭代中对近似的估计,从而可以为每步是否继续计算提供了一个简单有效的准则。下面以最小支撑树问题为例说明这个准则。假如某步得到区间$[t_1,t_2]$,令

$$D_r=\sum_{(i,j)\in T^{(t_r)}}d_{i,j},E_r=\sum_{(i,j)\in T^{(t_r)}}e_{i,j},r=1,2$$

则 $D_1\leqslant M,D_2>M$,同时 $E_1\geqslant E_2$。如$(E_1-E_2)/E_1<0.01$,我们知道最优值在 E_1 和 E_2 之间,且相对差距不超过 1%。

定理 5.8 如果$(E_1-E_2)/E_1<\varepsilon$,则最优值在 E_1 和 E_2 之间,且相对差距不超过 ε。

在实际应用中,定理 5.8 提供的信息是非常有用的,它可以用来估计所得到的可行解和最优值的差距。随着应用问题的要求不同,可以在不同的时候结束计算。当准最优解和最优解的差距符合应用问题的要求时,就可以停止迭代计算。这为算法的结束给出了一个很好而且简单的判断准则。

由于每步计算都是多项式规模,参数 t 方法的计算复杂性不大,参数 t 方法是一个简单而且很有效的方法,同时它也提供了简明的误差估计准则。

习 题 5

5.1 证明任何有限图都可以表示为三维空间的几何图形,使每两条边互不相交,而且边均可用直线来实现。

5.2 证明性质 5.1(2)和性质 5.6。

5.3 证明性质 5.4 和性质 5.5。

5.4 对于树 T,如果 $\Delta(T)$为端点的最大度,证明:树 T 最少有 $\Delta(T)$个悬挂点。

5.5 对于一个连通图 G,$|V|=n$,如果 $\boldsymbol{A}$ 是它的关联阵,证明:$\boldsymbol{A}$ 的每一个 $n-1$ 阶非奇异方阵一一对应一个支撑树,并且这个方阵行列式的绝对值为 1。

5.6 如果 e 为完全图 K_n 的任意一条边,求图 K_n 和 K_n-e 的支撑树数目 $t(K_n)$ 和$t(K_n-e)$。

5.7 考虑完全二部图 $K_{n,m}$,求支撑树数目 $t(K_{n,m})$。

5.8 利用 Kruskal 算法和破圈法求例 5.4 中的最小支撑树。

5.9 给定一个无向图 G,求任意两端之间最少转接次数和路由。

5.10 一个网络的距离矩阵如下:

$$\begin{pmatrix} 0.0 & 9.2 & 1.1 & 3.5 & \infty & \infty \\ 1.3 & 0.0 & 4.7 & \infty & 7.2 & \infty \\ 2.5 & \infty & 0.0 & \infty & 1.8 & \infty \\ \infty & \infty & 5.3 & 0.0 & 2.4 & 7.5 \\ \infty & 6.4 & 2.2 & 8.9 & 0.0 & 5.1 \\ 7.7 & \infty & 2.7 & \infty & 2.1 & 0.0 \end{pmatrix}$$

(1) 用 D 算法求 v_1 到所有其他端的最短距离和路由。

(2) 用 F 算法求最短距离和回溯路由，并找到 $v_2 \sim v_4$ 和 $v_1 \sim v_5$ 的最短距离及路由。

(3) 求图的中心和中点。

(4) 如果端点有权，如何处理？

5.11　求图 5.15 中从 v_s 到 v_t 的最大流，其中边上的数字为容量。

5.12　如果 v_s 到 v_t 的总流量为 6，求最小费用流量安排，中边旁的数字前者为容量，后者为费用，如图 5.16 所示。

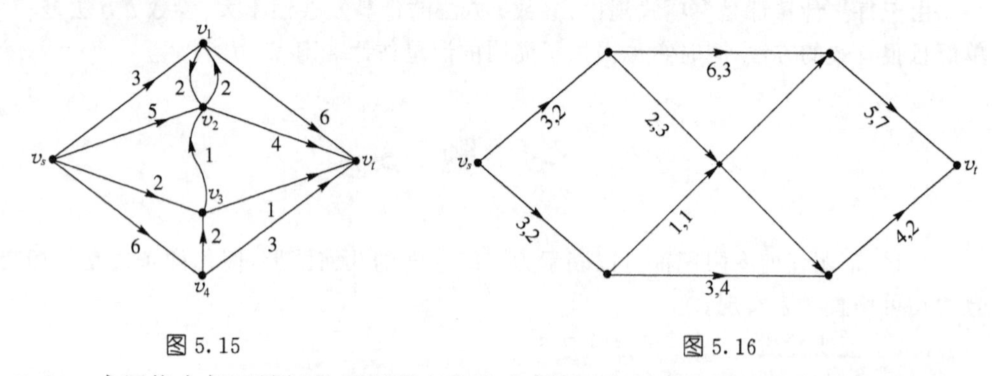

图 5.15　　　　　　图 5.16

5.13　求网络中任两端间的最短距离和路由，但要求任意两端之间的最短路由的转接次数不大于一个确定的界（一般对不同的端点对来说，这个界是不一样的）。

第6章 网络随机模拟

本章将介绍随机模拟的基本思想和方法，并且讨论随机模拟在网络性能分析中的应用。随机模拟，也被广泛称为蒙特卡洛(Monte-Carlo)方法。历史上第一个用这种方法的例子是著名的蒲丰(Buffon)投针问题，这种方法由于模拟试验工具的限制，一直没有得到大的发展。20世纪40年代，随着计算机的发明，随机模拟的方法有了大规模应用的可能。1944年，诺依曼和乌拉姆首先对中子链式反应进行了随机模拟，并把这个程序称之为蒙特卡洛，标志着现代蒙特卡洛方法的诞生。随着计算机能力得到很大的提高，同时传统的解析方法不能很好地处理日益复杂的应用问题，蒙特卡洛方法现在得到了很大的发展和广泛的应用。

现代通信网络和交换系统的性能分析非常复杂，在第4章中介绍的网络平均呼损和时延的计算方法都是近似的计算方法，并且对实际系统做了许多简化。传统解析方法对复杂系统的分析能力有限，随机模拟或蒙特卡洛方法是很好的补充，将传统的解析方法和随机模拟很好的结合是现代科研的基本方向。

6.1 基本概念和均匀分布随机数

6.1.1 基本概念

为了了解随机模拟的基本思想，下面考虑一个简单的积分计算问题。

例6.1 如果 $0 \leqslant f(x) \leqslant 1$，计算 $I = \int_0^1 f(x)\mathrm{d}x$。

解 在单位正方形($0 \leqslant x \leqslant 1, 0 \leqslant y \leqslant 1$)中，随机投掷一点，即它的两个坐标$(x, y)$都是$[0,1]$中均匀分布的随机变量，并且是相互独立的。容易看到，随机点落在目标区域($0 \leqslant x \leqslant 1, 0 \leqslant y \leqslant f(x)$)的概率 p 也就是目标区域的面积或所求积分 $I = \int_0^1 f(x)\mathrm{d}x$。

因此，如果重复上述试验 n 次，即随机投掷 n 个点，假定有 m(不大于 n)个点落在区域内，则根据大数定律，当 n 很大时，有 $I = p \approx m/n$。

在这里，我们通过统计试验，利用频率来估计概率和相应的目标值。下面考察一个多维积分的例子。

例 6.2 如果 $0\leqslant f(x_1,\cdots,x_k)\leqslant 1$，计算 $I=\int_0^1\cdots\int_0^1 f(x_1,\cdots,x_k)\mathrm{d}x_1\cdots\mathrm{d}x_k$。

解 类似例 6.1 中的方法，通过在 $k+1$ 维空间中随机投掷点来计算上面的高维积分。在 $k+1$ 维单位立方体($0\leqslant x_1\leqslant 1,\cdots,0\leqslant x_k\leqslant 1,0\leqslant y\leqslant 1$)中随机投掷 n 个点，并且求出满足 $y\leqslant f(x_1,\cdots,x_k)$ 的点的个数 m，有 $I=p\approx m/n$。

在这个高维积分的计算中，随机模拟的方法对函数光滑性方面没有什么要求，同时计算的复杂度和维数没有关系，这两个特点是一般数值积分的方法所没有的优点。另外，随机模拟方法在观念上比较简单，因而能求解比较复杂的问题。

假如要求计算某个量 x。如果要用随机模拟的方法来计算，需要找到一个随机事件 A，或者更一般地找到一个随机变量 X，使 $x=p(A)$ 或者 $x=E\{X\}$。然后模拟事件 A 或随机变量 X 多次，并计算它出现的频率 $\frac{m}{n}$ 或平均值 $\overline{X}=\frac{X_1+X_2+\cdots+X_n}{n}$，则当 n 充分大时，m/n 或 $\overline{X}$ 就可以成为所求量 x 的近似值。

下面通过中心极限定理来讨论精确度问题。随机变量 X 的均值为 x，现在假设它的方差存在，且记为 D，当 n 充分大时，有

$$p\left\{a<\frac{(X_1-x)+(X_2-x)+\cdots+(X_n-x)}{\sqrt{nD}}<b\right\}\approx\frac{1}{\sqrt{2\pi}}\int_a^b \mathrm{e}^{-\frac{u^2}{2}}\mathrm{d}u$$

或者

$$p\left\{a\sqrt{\frac{D}{n}}<\overline{X}-x<b\sqrt{\frac{D}{n}}\right\}\approx\frac{1}{\sqrt{2\pi}}\int_a^b \mathrm{e}^{-\frac{u^2}{2}}\mathrm{d}u$$

特别，取 $a=-3,b=3$，上式右边为 0.99，所以以 0.99 的概率有 $|\overline{X}-x|<3\sqrt{\frac{D}{n}}$。

在实际问题中，如果方差 D 是未知的，可以用它的估计值 $\hat{D}=\frac{1}{n-1}\sum_{k=1}^{n}(X_k-\overline{X})^2$ 来代替。相应的，以 0.99 的概率有 $|\overline{X}-x|<3\sqrt{\frac{\hat{D}}{n}}$。

通过上面的讨论可以知道，随机模拟的计算精确度是与 $1/\sqrt{n}$ 成正比的，收敛速度比较慢。想得到高精确度的解，试验次数就得大大增加。另外，计算的精度带有随机性质。如何选取既满足 $E[X]=x$，又有较小方差 D 的 X，是随机模拟中的一个重要问题。

例 6.3 蒲丰投针问题历史实验结果($a=1$)，关于蒲丰投针问题的原理留作习题 6.1。

表 6.1 给出了一些实验资料。

表 6.1 蒲丰投针问题

实 验 者	年份/年	针长/单位	投掷次数	相交次数	π 的实验值
Wolf	1850	0.8	5 000	2 532	3.159 6
Smith	1855	0.6	3 204	1 218.5	3.155 4
De Morgan, C.	1860	1.0	600	382.5	3.137
Fox	1884	0.75	1 030	489	3.159 5
Lazzerini	1901	0.83	3 408	1 808	3.141 592 9
Reina	1925	0.541 9	2 520	859	3.179 5

例 6.4 中将采用不同的方法计算例 6.1 中的积分，这种方法效果更好，称为期望值算法，而例 6.1 中的方法称为掷点算法。

例 6.4 如果 $0\leqslant f(x)\leqslant 1$，计算 $I=\int_0^1 f(x)\mathrm{d}x$。

解 如果 Z 是 $[0,1]$ 上的均匀随机变量，考虑随机变量 $f(Z)$，它的数学期望是：

$$E[f(Z)]=\int_0^1 f(x)\mathrm{d}x=I$$

为计算 $E[f(Z)]$，可以首先产生 n 个相互独立的 $[0,1]$ 上均匀分布的随机数 Z_1，$Z_2,\cdots,Z_n$；其次，计算 $\frac{1}{n}\sum_{i=1}^{n}f(Z_i)$，并把它作为 $E[f(Z)]$ 或 $\int_0^1 f(x)\mathrm{d}x$ 的近似值。

下面对例 6.4 和例 6.1 的方法做简单比较。

在例 6.1 中，当 $0\leqslant f(x)\leqslant 1$ 时，需要生成两个 $[0,1]$ 上均匀随机变量 X 和 Y，并且根据下面的关系定义随机变量 η：

$$\eta=\begin{cases}1 & Y\leqslant f(X)\\ 0 & Y>f(X)\end{cases}$$

则 $E[\eta]=I$。这种方法的方差为 $V_2=I(1-I)$。

而例 6.4 中只生成一个 $[0,1]$ 上均匀随机变量 Z，考虑随机变量 $\xi=f(Z)$，并且 $E[\xi]=I$。这种方法的方差为 $V_1=\int_0^1[f(x)-I]^2\mathrm{d}x$，而

$$\begin{aligned}V_1-V_2&=\int_0^1[f(x)-I]^2\mathrm{d}x-I(1-I)\\&=\int_0^1 f^2(x)\mathrm{d}x-I^2-I+I^2\\&=\int_0^1 f(x)[f(x)-1]\mathrm{d}x<0\end{aligned}$$

由于例 6.1 中的方法方差大，因此精度较差，而且计算量也较大，故计算积分时一般采用例 6.4 中的方法较好。

6.1.2 均匀分布的随机数

为了进行随机模拟,需要实现各种各样的随机变量和过程。产生[0,1]上均匀分布的随机变量是最重要的基础,解决这个问题的方法有多种,如使用随机数表、物理方法和数学方法等。为了用计算机进行随机模拟,必须在计算机上产生[0,1]上均匀分布的随机变量。由于序列是用算法产生的,再加上计算机字长有限,所以无论用何种方法产生的序列,在统计特性上都不可能与[0,1]上均匀分布中抽样所得的子样完全相同。由于这个原因也将计算机上产生的[0,1]上均匀分布的随机变量叫伪随机数。

在计算机上产生[0,1]上的均匀分布,或伪随机数,应当满足下面3个条件:

(1) 所得数列$\{x_1,x_2,x_3,\cdots\}$在统计性质上与[0,1]上均匀分布抽样所得的子样相同或近似;

(2) 产生一个随机数的运算量要小;

(3) 这个序列的周期要比较大。

最常用的数学方法采用下面的递推公式 $x_{n+1}=f(x_n,x_{n-1},\cdots,x_{n-k})$,在确定了一组初值 $x_0,x_{-1},\cdots,x_{-k}$后,即可逐步算出 $x_1,x_2,x_3,\cdots$。

常用的方法是上面方法的一个特例:

$$y_{n+1}=ay_n+b(\bmod M),\qquad 0\leqslant y_{n+1}<M \tag{6.1}$$

$x_n=\dfrac{y_n}{M}$,其中 a,b,M 以及初始值 y_0 都是正整数,并且 $0\leqslant x_n<1$。

这个方法叫混合同余法。如果 $b=0$,叫乘同余法,而 $a=1,b\neq 0$ 时,叫加同余法。在用混合同余法(6.1)产生序列时,如果发生 $y_k=y_p$,则对任意整数 q,有 $y_{k+q}=y_{p+q}$,也就是说序列会重复,因为 $0\leqslant y_n<M$,故这种情况一定会发生。用混合同余法(6.1)产生序列时得到一个周期序列,当满足一定条件时,序列的周期会长一些。用混合同余法产生序列的周期比乘同余法产生序列的周期要长。

可以证明,如果用混合同余法,满足:①b 与 M 互质;②对 M 的每个因子 p,有 $b\equiv 1(\bmod p)$;③如果 M 能被 4 整除,则还要求 $b\equiv 1(\bmod 4)$。此时,初始值可以任意取,一般就取为 0。整个序列的周期可以达到最大 M。但乘同余法产生序列的周期最多只有 $M/4$。在实践中,需选取特定的 a,b,M 使序列产生的速度快。

生成的序列$\{x_n\}$能否和 [0,1]上的均匀分布近似,还需要通过各种统计检验,如参数检验、频率检验和独立性检验等。而这些要求实际上对 a,b,M 等参数实施了更多的限制,并无很好的理论方法寻找最佳参数,一般是理论指导和多次实验产生一些结果。

下面简单讨论一下频率检验和独立性检验。

要求数列$\{x_1,x_2,x_3,\cdots\}$具有从[0,1]上均匀分布随机抽样所得子样的各种统计特性,为了达到这个目的,可以利用各种假设检验的方法对下面原假设进行检验:

H_0:母体分布是[0,1]上的均匀分布。这个分布ξ的概率密度为$f(x)=1,0\leqslant x\leqslant 1$,平均值$E(\xi)=1/2$,方差$D(\xi)=1/12$。首先可以考虑所得序列的参数检验能否通过,即样本的平均值是否是$E(\xi)=1/2$,方差$D(\xi)=1/12$。其次考虑两个常用的检验方法:频率检验和独立性检验。

(1) 频率检验

频率检验的目的是检验经验频率和概率是否有显著性差异。

将[0,1)分解成k个等长度的区间:$\left[0,\frac{1}{k}\right),\left[\frac{1}{k},\frac{2}{k}\right),\cdots,\left[\frac{k-1}{k},1\right)$,用$f_i$表示数列$\{x_1,x_2,x_3,\cdots,x_n\}$中落在区间$\left[\frac{i-1}{k},\frac{i}{k}\right)$中的个数,则在$H_0$假设下,由分布$\chi^2$检验法,下面的统计量$\chi_1^2=\sum_{i=1}^{k}\frac{\left(f_i-n\frac{1}{k}\right)^2}{n\frac{1}{k}}=\frac{k}{n}\sum_{i=1}^{k}\left(f_i-\frac{n}{k}\right)^2$是渐进$\chi^2(k-1)$分布的,从而可以进行显著性检验。对给定的水平$\alpha$(一般$\alpha=0.05$),查$\chi^2$-分布表求出临界值$\chi_\alpha^2$,比较计算得到的统计量$\chi_1^2$和$\chi_\alpha^2$,如果$\chi_1^2\geqslant\chi_\alpha^2$,则作出拒绝假设$H_0$的决定,认为实验结果与假设有显著差异,也就是经验频率和概率有显著性差异。

(2) 独立性检验

独立性通常通过相关系数来检验。

类似,将[0,1)分解成k个等长度的区间:$\left[0,\frac{1}{k}\right),\left[\frac{1}{k},\frac{2}{k}\right),\cdots,\left[\frac{k-1}{k},1\right)$,用$f_{i,j}$表示数列$\{x_1,x_2,x_3,\cdots,x_n\}$中前一个数落在$\left[\frac{i-1}{k},\frac{i}{k}\right)$中,而紧跟的后一个数落在$\left[\frac{j-1}{k},\frac{j}{k}\right)$中的数的个数。计算$\chi_2^2=\frac{k^2}{n}\sum_{i,j=1}^{k}\left(f_{i,j}-\frac{n}{k^2}\right)^2$,则在$H_0$假设下,可以证明$\chi_2^2-\chi_1^2$是渐进$\chi^2(k^2-k)$分布的,从而可以进行显著性检验。

一般,如果所得序列能通过上述的统计检验,就认为它的随机性比较好。但是严格来讲,用算法产生的序列是决定性的,而不是随机性的。曾经有人尝试从不同角度对伪随机序列下定义,也有过一些不同的结果。在计算机上产生了[0,1]上均匀分布的随机变量后,就能够生成任意随机变量和随机过程,可以模拟许多实际系统中的现象和过程。需要说明的是,从不同的方法产生的能通过各种统计检验的序列,在计算机模拟中,效果仍然是有差别的。针对不同的实际问题,选择合适的序列是个困难的问题。

6.2 随机变量和过程的模拟

如果有了[0,1]上的均匀分布,下面简单讨论如何模拟各种随机变量和过程。首先考虑一个离散随机变量ξ，并且$p\{\xi=c_i\}=p_i$，其中$p_i\geqslant 0$，$\sum_i p_i=1$。现在讨论如何产生随机变量ξ的随机子样。设数列$\{x_1,x_2,x_3,\cdots\}$是$[0,1]$上均匀分布的随机子样，当$p_1+\cdots+p_{i-1}\leqslant x_k<p_1+\cdots+p_i$时，令$\xi_k=c_i$，$k=1,2,\cdots$，其中$p_{-1}=0$。 (6.2)

由于数列$\{x_1,x_2,x_3,\cdots\}$是$[0,1]$上均匀分布的随机子样，所以x_k落在相应区间中的概率就是该区间的长度，或者说就是$p\{\xi=c_i\}=p_i$，这样随机子样ξ_k的概率分布正好就是需要的分布。

如果ξ是一个一般的连续随机变量，其分布函数为$F(u)$，即$p\{\xi<u\}=F(u)$。如果$F(u)$连续且严格单调上升，考虑随机变量$X=F(\xi)$。X的分布函数为$p\{X<u\}=p\{F(\xi)<u\}=p\{\xi<F^{-1}(u)\}=F[F^{-1}(u)]=u$，也就是说$X$是$[0,1]$上的均匀分布，则如果已知$X$，$\xi=F^{-1}(Z)$的分布函数就是$F(u)$。

如果得到了一组$[0,1]$上的均匀分布的子样$\{x_1,x_2,x_3,\cdots\}$，则根据上面的讨论，$\{F^{-1}(x_1),F^{-1}(x_2),F^{-1}(x_3),\cdots\}$是随机变量$\xi$的子样，它的分布函数为$F(u)$。

例 6.5 生成参数为λ的负指数分布的子样。

根据上面的讨论，如果ξ是参数为λ的负指数分布，则$X=1-e^{-\lambda\xi}$为$[0,1]$上的均匀分布，或者说$\xi=-\frac{1}{\lambda}\ln(1-X)$。由于$X$是$[0,1]$上的均匀分布，$1-X$也是，所以$\xi$可以重新写为$\xi=-\frac{1}{\lambda}\ln X$。

许多时候可以利用变换的方法来生成相应的随机变量，如在习题6.5中有一个利用变换的方法从$[0,1]$上的均匀分布生成正态分布的例子。对于正态分布，在精确度要求不高时，也可以采用近似的方法。

设$X_1,X_2,\cdots,X_n$是$[0,1]$上的均匀分布，并且相互独立，根据中心极限定理，在n较大时，随机变量$\xi=\dfrac{\sum_{i=1}^{n}\left(X_i-\frac{1}{2}\right)}{\sqrt{\frac{1}{12}n}}$的分布近似于标准正态分布$N(0,1)$。特别，如果取$n=12$，有

$$\xi=\sum_{i=1}^{n}\left(X_i-\frac{1}{2}\right)=X_1+\cdots+X_{12}-6=X_1+\cdots+X_6-(1-X_7)-\cdots-(1-X_{12})$$

因为X_i和$1-X_i$都是$[0,1]$上的均匀分布，所以$\xi=X_1+\cdots+X_6-X_7-\cdots-X_{12}$近似于正态分布$N(0,1)$，但这个方法取不到特大或特小的数值。对于多维分布，也可以使用类似的方法得到它们的随机子样。

如果模拟一个随机过程，情况会复杂一些。下面先讨论一下马尔可夫链的模拟，然后再讨论泊松过程的模拟。设需要模拟的马尔可夫链$\{Z_n\}$是齐次的，并且有转移概率$p_{i,j}(i,j=0,1,2,\cdots)$和初始分布$p_i(i=0,1,2,\cdots)$。

首先产生一个以 p_i 为分布的随机变量 Z_0，设其采样值为 z_0，则 $p_{z_0,j}(j=0,1,2,\cdots)$ 为 j 的一个分布，于是可以产生一个以它为分布的随机变量 Z_1。再设 Z_1 采样值为 z_1，在重复上述步骤后，即可产生 $Z_2,Z_3,\cdots$。用这种方法产生的 $z_0,z_1,z_2,\cdots$就是以 p_i 为初始分布，以 $p_{i,j}$为一次转移概率的齐次马尔可夫链的抽样。对于随机过程的模拟要复杂一些，但是泊松过程的模拟非常简单。根据定理 2.2，一个随机过程是参数 λ 的泊松过程的充分必要条件为到达间隔 $X_i(i=1,2\cdots)$相互独立，且服从相同参数 λ 的负指数分布。这样，如果能够生成一些相互独立且有相同参数 λ 的负指数分布 $X_i(i=1,2\cdots)$的抽样 $t_i(i=1,2\cdots)$，泊松过程的到达时刻序列为 $t_1,t_1+t_2,t_1+t_2+t_3,\cdots$。在排队系统的分析中，如果到达过程的特征是到达间隔相互独立并且同分布，则在随机模拟中，非常容易模拟进入系统的顾客流的时刻序列，然后再根据每个顾客进入系统后的行为修改系统的状态，就可以模拟系统的变化，并通过对样本数值的计算和分析获得系统的一些知识。

一般来讲，应用随机模拟方法解决问题的过程大约如下：

(1) 建立适当的系统和模拟模型，模拟系统的状态变化和过程，具体准备工作包括模拟程序的时间单位，模拟时间的长度，选择模拟的变量，决定测定的统计量等；

(2) 进行随机模拟；

(3) 对模拟的结果进行统计处理，以给出相应问题的解和解的精确度的估计；

(4) 同一个问题，如果有适当的理论模型，能够给出一些准确或近似的估计和分析，再和随机模拟的结果进行配合，对原问题会有一个较好的认识。

在模拟法中有一个重要但困难的问题是决定模拟时间的长短，这个问题至今没有完全解决。一般来说，如果排队系统多，系统状态复杂，服务机构繁忙，模拟时间也需要长一些。比较稳妥的方法是利用统计的方法求出测定统计量的置信区间。如果置信区间的宽度与该统计量相比很小时，就可以相信所得统计量已经接近正确值了。

在模拟的过程中常需要一个模拟的时钟来协助工作，这个时钟只是在某一预定要发生的事件发生后的刹那间才转动，而每次转动增加的时间就是两个连续事件发生间隔的时间，故在模拟程序中所花费的时间和模拟时间没有什么关系，而是和模拟中发生事件的频率有密切关系。

6.3 动态无级网

由于早期电话交换机能力低下，电话网络的拓扑结构被选择为等级拓扑结构。如果网络结构是严格等级的拓扑结构，网络中任意两个端点之间有惟一路由，这样早期的交换机非常容易处理路由选择问题。但是这种结构对于通信网而言，有许多缺点，如两个地理位置较近的端点同时话务量也比较大，按照路由规则，通话会被接续到相应的汇接中心完成迂回连接，非常不合理。故后期在这类端点之间增加了一些直达中继电路，当然这些端点之间就有两个路由选择，不过这种网络本质上仍然是等级网络。由于通信网所服务的对象具有随机性，包括可以预见和不可预见(如故障等)因素，等级网络较难适应。考虑到等级网络中各部分的中继电路有特定的服务对象，网络中的各部分资源是被固定配置的，不能根据服务对象的变化而做出调整，这种现象本质就是网络各部分的资源配置和服务对象不匹配。网络为了达到较好的服务水平，同时为克服由于业务随机性产生的不匹配性，网络整体成本不可避免会较大。图 6.1 是美国 AT&T 电话网络在 1984 年初规划建设动态无级网络前的拓扑结构和各级端点的大致数目。

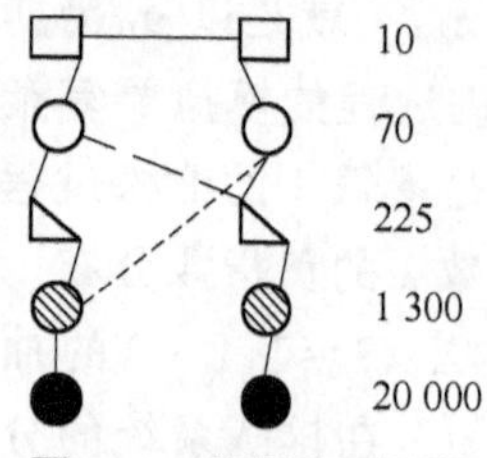

图 6.1　等级电话网络

在 20 世纪 80 年代电话网络完成了由模拟网络向综合数字网的转变，随着技术的进步，程控交换机代替了纵横制交换机，公共信道信令系统代替了随路信令系统，在技术巨大进步的背景下，已经有条件对网络的工作模式做出重大改变，使网络演变为动态无级网络。动态无级网络首先有一个新的网络拓扑结构，结构由等级结构演变为无等级结构，这样网络中任意的端点对之间就会有许多路由可以选择。等级网络中容量配置和所服务对象的不匹配性在无等级网络中就可能得到解决。根据网络所服务对象的情况和一定的逻辑产生出相匹配的路由表，由于有强大的交换机和先进的信令系统，执行复杂的路由策略完全成为可能。在例 4.7 中，通过计算，不同的路由表会有不同的网络平均呼损，可以相信对于一个确定的话务量分布会有一个最佳的路由规划。当话务量分布变化时，最佳的路由规划也会变化。如果网络中的网管中心或交换机本身能够依照网络中话务量的变化生成相应的路由表，则这个网络将消除前述等级网络中的不匹配性，同时由于路由多样性将极大地增加网络对故障的抵抗能力，网络的整体性能将大大提高。这种采用无等级的拓扑结构，并且网络中的路由表可以动态调整的网络就是动态无级网，动态无级网的拓扑结构如图 6.2 所示。

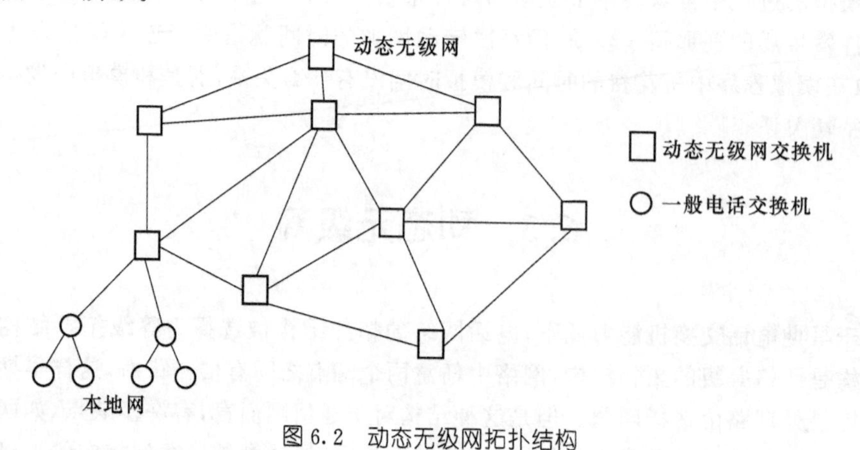

图 6.2　动态无级网拓扑结构

动态无级网的拓扑结构没有分等级，整个网络被分为两级。在本地网中，采用等级或准等级结构将呼叫量汇集到动态无级网的交换机，在动态无级网的平面上所有交换机有同等地位，并且任意两个交换机之间有许多不同的路由。由于有许多路由可以选择，需要确定一个路由表供呼叫到来时完成接续。对某两个端点来讲，路由表包括两个内容：首先是有多少条路由，其次是接续时依次尝试的次序。考虑到网络中有几十个甚至上百个交换机，确定整个动态无级网的路由表并不是一件容易的事。

如果路由表可以根据网络的状况和负荷动态调整，则交换机依照这些路由表完成交换，会使网络的负荷均衡，效率很高。如何生成路由表，在不同的时期依照技术水平有完全不同的做法，路由表的生成可以是预先计算的，也可以是实时动态产生。预先计算的路由表(Preplanned Dynamic Traffic Routing)首先根据网络在一段时间段内的呼叫量分布(可通过复杂的集中式计算)生成这个时段内的准最佳路由表，然后各个端点根据预先设置的路由表完成交换。呼叫量可以依照历史数据估计，同时根据重大事件等作出一定调整。另一种路有表是随着呼叫的到来实时产生，完全依赖网络的状况实时产生针对这个呼叫的路由；下一个呼叫到来时，再产生新的路由表。这种实时动态路由(Real-time Dynamic Traffic Routing)产生路由的方法由各个端点分布式生成，和前一种集中式的路由表有很大的不同。

如果广域网络有一个一般的拓扑结构，各端点之间的最佳或准最佳路由表并不容易生成。首先，在一个网络中，任意一对端点之间的路由可能是一个很大的数目，如对于有 n 个点的全连接图，任意两个点之间的路由数目可以用 $1+\sum_{k=1}^{n-2}\frac{(n-2)!}{(n-k-2)!}$ 来计算。考虑到选取最佳路由表的数学模型为 4.6 节的流量分配问题，对于一个广域网来讲，计算和求解非常复杂。不过，根据贝尔试验室作的许多分析和仿真，如果网络的连通度较大，同时任意两端之间有比较多的转接一次的路由，则 98%以上的呼叫可以由直达和转接一次的路由完成。对于这种直达和转接一次的路由，在网络中实现非常简单易行，求解也相对容易。世界上第一个广域的动态无级网络(Dynamic Non-Hierarchical Routing，DNHR)由 AT&T 完成，建设的时间在 1984.7～1987.12。

这个 DNHR 网络的路由策略比较简单，规定任意端点之间的路由必须为直达或转接一次的路由，简称为 2-link Preplanned DNHR；采用这种路由有计算机模拟仿真和计算为基础，在确保了网络性能的基础上实现也比较简单。当然这种路由策略需要拓扑结构的支持，也就是网络需要有较大的连通度和较多的转接一次的路由。由于这种路由选择的简化，网络在产生路由表时工作量要小一些，并且也可能在较短的时间内完成路由表的更新。整个网络的控制策略为集中式控制，根据收集的话务量数据，在控制中心产生路由表并且不断下载给网络中的不同端点。在 DNHR 的实践中，AT&T 的国内网络中有超过 100 个 DNHR 交换机，相对等级网络节约成本大约 14%～15%，同时这种网络的拓扑结构可以对各个部分的资源形成共享，网络的负荷均衡，网络的可靠性也很高。网络的规模和节约的成本有比较大的关系，网络规模越大，成本节约越多；国际网络如果采用动态无级网络，成本节约在20%左右，而对城域网络，成本节约在10%左右。网络越大，等级网路的不匹配性问题越大，从而无等级网络的节约和效果越明显。

美国第二代动态无级网络为实时无级网络（Real-Time Non-hierarchical Routing，RTNR），AT&T的DNHR网络在1991年7月演化为RTNR网络。网络可以承载不同优先级的业务，从而有不同的虚拟网。路由的产生为完全实时的方式，或基于每个呼叫实时产生路由。不用计算和维护庞大的路由表，这种控制策略为分布式控制。同DNHR相比，RTNR使网络更有效率，网络成本较DNHR节约2%～3%。RTNR网络最重要的特点是分布式实时产生路由，图6.3简单说明RTNR的路由方法。

图6.3中源是端1，宿是端3。假如端1和端3之间的直达路由比较繁忙，则需要选取一个迂回路由。因为选择了合适的拓扑结构，故可以将迂回路由限定在转接一次的路由。在每个端点记录和自己相邻的中继电路的忙闲状况，当呼叫到来时，通过信令系统将端1和端3的局部信息综合，容易找到空闲的转接一次的路由。在图6.3中，端1到端3的迂回路由由端4转接。由于采用分布式的方法实时生成路由，RTNR的工作模式较DNHR有了很大的变化。在DNHR网络中，需要通过集中式的方法求解规模较大的网络流量问题，而在RTNR网络中，整个网络的路由控制分布式完成，网络以自适应的方式处于准最佳状态。不需要求解复杂的数学模型仍然可以使网络处于很好的状态，这在观念上是一个很大的进步。

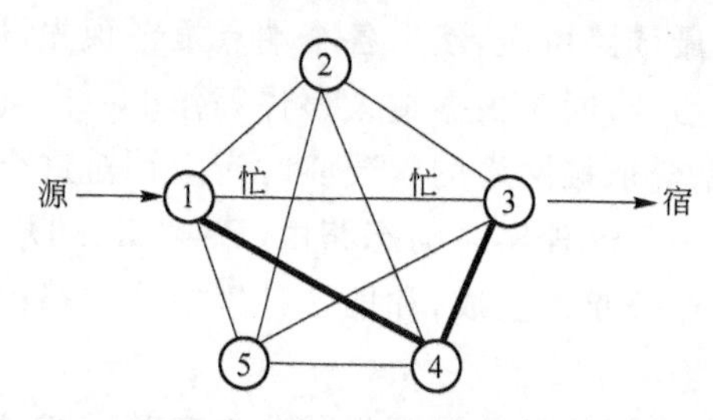

图6.3 RTNR的路由示意

考虑到电信网络可以分为电信传输网和电信业务网络两个层次，对于电信传输网而言，如果能够灵活管理网络的带宽，电信传输网络采用动态传输路由（Dynamic Transport Routing）准动态地适应业务网的变化，电信业务网络采用Dynamic Traffic Non-hierarchical Routing动态地适应网络所服务的业务的变化，这两种方法变化的时间尺度不同，如果配合良好，网络整体成本可以大大下降，同时网络的可靠性可以显著上升。美国AT&T的网络由于在业务网络采用RTNR网络，传输网的故障恢复压力就小很多，可以使用恢复时间较慢的方法。在20世纪90年代初，贝尔实验室对SDH网络的故障恢复策略的研究主要集中在分布式恢复，分布式的自愈恢复速度较快，但系统需要新的控制协议，整个工作机制比较复杂。当业务网络采用RTNR模式时，业务网络本身具有很强的对付故障的能力，对传输网的要求降低。在1995年左右，AT&T的传输网络采用了简单的集中式恢复FASTAR，网络的整体性能达到了很高的水平。

对DNHR网络整体性能的分析，可以采用一些数学模型进行分析和计算，但RTNR网络的整体性能就很难使用数学模型进行分析和计算，使用计算机模拟可以很好地分析动态无级网络的性能。整个网络的运行和优化可以参考图6.4。

在图6.4中，首先根据经验数据和模型对网络的输入业务进行预测，和随机因素迭加后产生对网络的实际输入。通过对网络的监测获得实际运行数据,这些数据对网络的管理产生影响,在小的时间尺度下,主要对路由表产生影响;在大的时间尺度下,对网络的容量配置等产生影响。在第 4 章中,讨论了如何进行网络平均呼损和平均时延计算,了解网络性能指标。而图 6.4 中的模型表示了网络建成后如何运行,获取数据并不断优化,并且在不同时间尺度上对业务网传输网协调管理,使网络处于准最佳状态。

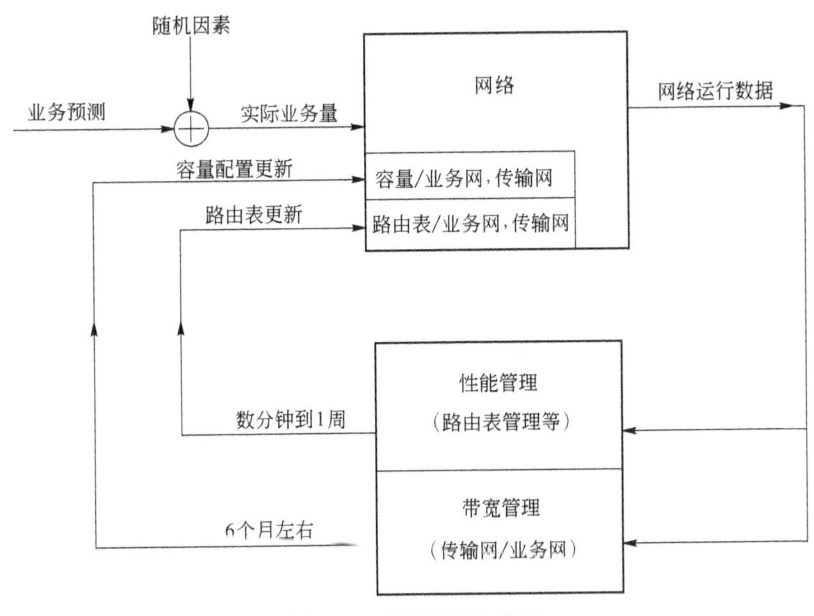

图 6.4　网络运行和优化

6.4　随机模拟在网络分析中的应用

现代通信网络的性能分析一般来说非常复杂,传统解析方法能力有限,随机模拟或蒙特卡洛方法是最重要的研究方法之一。下面以电话网为例,讨论如何应用随机模拟的方法对网络进行性能分析。随机模拟实际上是模拟网络中发生的过程,利用计算机的能力在短时间内完成一个复杂过程的再现,通过统计系统的各种数据进行分析,最后完成对系统性能的分析。首先讨论如何模拟电话网络的各种呼叫的产生和离开,然后讨论如何模拟网络中发生的过程并进行分析。

如果网络用图 $G=(V,E)$ 表示,$a_{i,j}$ 表示端 i 和 j 之间的话务量。假设各个端点之间到达的呼叫流为泊松过程,可以认为这些过程为独立的随机过程。如果 $1/\mu$ 表示平均通话时长,$\lambda_{i,j}$ 表示 i 和 j 之间的到达率,则 $a_{i,j}=\lambda_{i,j}/\mu$,到达的总话务量为 $a=\sum_{i<j} a_{i,j}$。

根据定理2.2,参数为λ的泊松过程等价于到达间隔为独立同分布的参数为λ的负指数分布。这样,如果$t_1,t_2,t_3,\cdots$为独立同分布的参数为λ的负指数分布,假设第一个呼叫到达的时刻为0,则参数为λ的泊松过程的到达时刻序列为

$$0,t_1,t_1+t_2,t_1+t_2+t_3,\cdots$$

为了明确到来的呼叫属于哪两个端i和j,产生一个概率为$p_{i,j}=a_{i,j}/a$的离散分布,这个分布和前面到达的呼叫流结合就可以为网络产生所有的呼叫了,也就是首先产生一个参数为λ的总呼叫流,对应外界进入网络的总呼叫量,然后根据分布$p_{i,j}$确定来的每个呼叫属于哪两个端i和j,这样就模拟了各个端点之间到达的泊松过程或呼叫流。

如果τ_1,τ_2,τ_3为独立同分布的参数为μ的负指数分布,表示各个呼叫的服务时间,则呼叫流的离开时刻序列为

$$\tau_1,t_1+\tau_2,t_1+t_2+\tau_3,t_1+t_2+t_3+\tau_4,\cdots$$

当然这个离开序列不一定单调,在模拟过程中每次产生离开时刻时应该将它们按照离开时刻的先后次序放入一个离开队列。如果模拟大规模的网络,上述队列可能较大,可以按照呼叫属于的端i和j将离开的呼叫分类,形成若干个离开队列。

下面简单讨论模拟网络中发生的过程。首先应该有一个记录网络每个链路状况的矩阵,另外按照端i和j分类统计它们之间的所有呼叫的情况。

考虑前面的到达的呼叫流,在每个呼叫到达时首先分析在这个到达间隔中,根据离开时刻的队列,检查有无在这个时刻之前离开的呼叫。如果有,依次释放相应的呼叫,修改网络状态矩阵、离开时刻队列和网络中的相应的呼叫数。然后,考虑最新的呼叫,假设这个呼叫的源和宿为i和j,根据网络的路由规则和网络的状态判断这个呼叫能否被接纳。如果接纳这个呼叫,则修改网络的状态矩阵并且将这个呼叫的离开时刻插入到相应的离开时刻队列中,同时将它们之间的总呼叫数和完成的呼叫数分别增加1;如果这个呼叫不能被接纳,将端点i和j之间被拒绝的呼叫数和总呼叫数分别增加1,整个过程如图6.5所示。

上面叙述的网络模拟过程,基本上表现了网络中真实发生的过程。下面考虑计算网络的各种呼损,选取观察时间区间为$[t,t+T]$,统计在这个区间到达的呼叫数和被拒绝的呼叫数,进而计算出各个端点之间的呼损和网络平均呼损。随着这个时间区间的不同选取,一般会得到不同的样本结果。样本数值的选取应该在网络进入稳态之后,以避开初始时刻的影响;数值的量有一定规模以利于统计分析。网络的模拟仿真有许多成熟软件,如OPNET和NS2等,但是如果对特定问题开发专门的模拟程序应该是一个不错的选择。在网络模拟过程中,可以根据需要选择特定的拓扑结构和不同的路有规则,并且根据不同的呼叫量分布研究网络规划的效果。网络的随机模拟可以对动态无级网络进行很好地分析,这是传统分析方法难以完成的任务。对数据网络同

样也可以进行计算机模拟，进行性能分析。

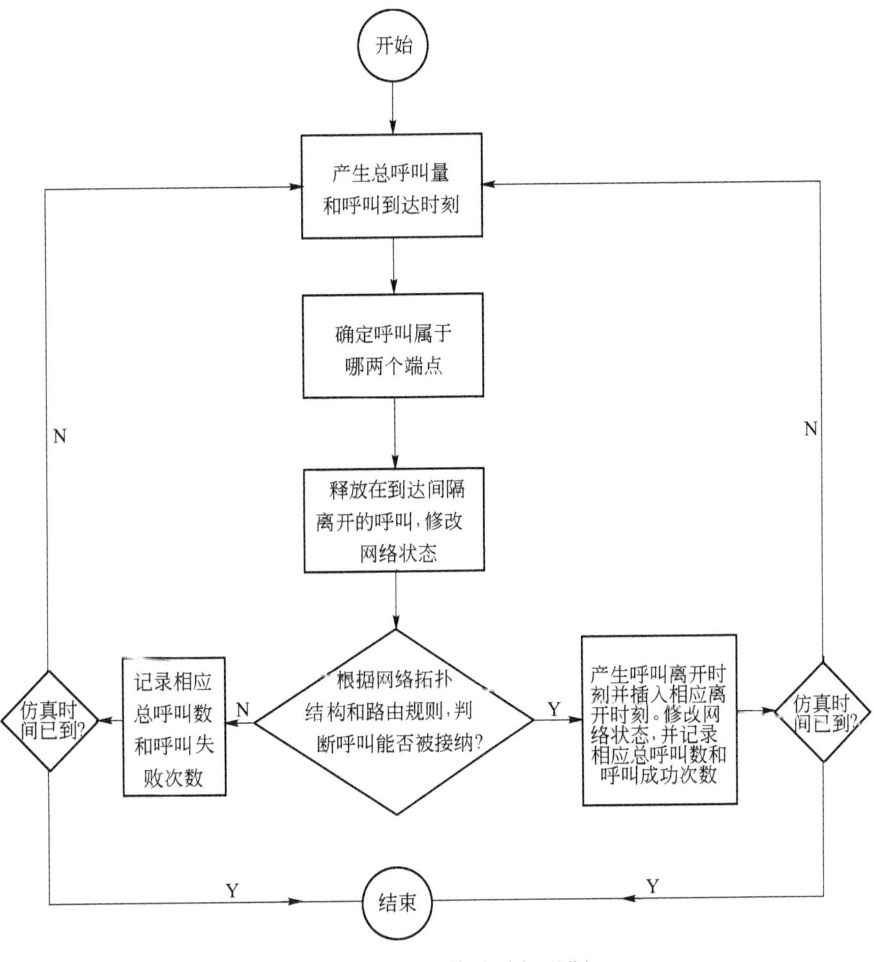

图 6.5　电话网络的随机模拟

模拟程序是一个循环过程，这个过程一直持续到仿真时间结束。由模拟过程所得结果都是一些随机变量的函数，模拟过程实际上是一个抽样过程，为了保证抽样结果的可靠性，需决定样本的数量，另外需确定模拟时间的长短。这两个问题可以由被估计值的置信区间的大小来解决。

为计算置信区间，最常用的分布是正态分布。如果对某个参数 θ 得到的模拟统计量为 $Z_1,Z_2,\cdots,Z_n$，则平均数为

$$\overline{Z}_n=\sum_{i=1}^{n}Z_i/n$$

在 n 很大时常可假设具有正态分布。

如果 $Z_1, Z_2, \cdots, Z_n$ 是独立同分布的正态随机变量，且该分布的均值为 m，方差为 σ^2，有

(1) $\overline{Z}_n$ 是一个均值为 m，方差为 σ^2/n 的正态随机变量；

(2) $\overline{Z}_n$ 与 $\sum_{i=1}^{n}(Z_i-\overline{Z}_n)^2/\sigma^2$ 相互独立；

(3) $\sum_{i=1}^{n}(Z_i-\overline{Z}_n)^2/\sigma^2$ 是一个自由度为 $(n-1)$ 的 χ^2 随机变量；

(4) 如果 Y 是一个自由度为 k 的 χ^2 随机变量，Z_1 与 Y 互为独立，且为正态随机变量，则 $T=\dfrac{(Z_1-m)/\sigma}{\sqrt{Y/k}}$ 是一个 t-分布的随机变量，其概率密度为

$$f_t(r)=\frac{[(k-1)/2]!}{\sqrt{k\pi}[(k-2)/2]!}\frac{1}{(1+r^2/k)^{(k+1)/2}}, -\infty<r<\infty$$

这个分布仅有一个参数 k，称作 k 自由度。

如果 $S_n=\sqrt{\dfrac{\sum_{i=1}^{n}(Z_i-\overline{Z}_n)^2}{n-1}}$ 为标准样本差，则 $\xi=\dfrac{(\overline{Z}_n-m)\sqrt{n}}{S_n}$ 为自由度 $(n-1)$ 的 t-分布。

如果已得到 $Z_1, Z_2, \cdots, Z_n$，由 t-分布的关系式

$$\int_{t_1}^{t_2} f_t(r)\mathrm{d}r = 1-\alpha, \quad 0<\alpha<1$$

则

$$1-\alpha=p\left[t_1\leqslant\frac{\overline{Z}_n-m}{\sqrt{S_n^2/n}}\leqslant t_2\right] \tag{6.3}$$

由于 t-分布是对称于零点的分布，在决定了 α 之后，可使 $t_1=-t_2$，则式(6.3)确定的置信区间为

$$(\overline{Z}_n-t_2 S_n/\sqrt{n}, \overline{Z}_n+t_2 S_n/\sqrt{n}) \tag{6.4}$$

其中 t_2 决定于 $f_t(r)$ 和 α，$\overline{Z}_n$ 和 S_n 由 $Z_1, Z_2, \cdots, Z_n$ 得到。

不过在模拟问题中利用上述方法得到置信区间，有一些困难。第一，模拟过程中观察得到的统计量并非相互独立；第二，需要排除瞬态的影响。为了解决上面的困难，可以运用一些技巧去求置信区间，如独立重复法、分批均值法、再生法和谱法等。

模拟方法虽然应用广泛，但在实际应用中也有很多困难。

首先，许多模拟问题的程序很复杂，不但要考虑模拟本身需要多少时间，还要考虑模拟程序的正确性和可靠性；其次，模拟本身是一个抽样过程，抽样结果怎样才具有统计上的有效性；另外，如果希望模拟系统的瞬态或稳态，如何在过程中区分何时为稳态，何时为瞬态。虽然有上述困难和问题，但计算机模拟仍然是复杂问题分析中的重要工具，如能和

其他一些方法结合使用会有很好的效果。

习 题 6

6.1 蒲丰投针问题(1777年):平面上画着一些平行线,它们之间的距离都等于 a,向此平面任投一个长度为 $l(l<a)$ 的针,试求此针与任一平行线相交的概率。

6.2 计算积分 $I=\int_0^1 \mathrm{e}^{-x^2\sin x}\mathrm{d}x$。

6.3 写一个计算机程序实现蒲丰投针问题,要求实验次数为100万次。

6.4 用混合同余法生成一个序列,其中 $M=2^{35}$,$a=2^6+1$,$b=1$,$y_0=0$。验证这个序列的周期为 $M=2^{35}$,并且核实这个序列能否通过参数检验、频率和独立性检验。

6.5 如果 X_1,X_2 是[0,1]上两个均匀分布,并且相互独立,$Z_1=\sqrt{-2\ln X_1}\cos 2\pi X_2$,$Z_2=\sqrt{-2\ln X_1}\sin 2\pi X_2$。请证明:$Z_1$,$Z_2$ 是相互独立的标准正态分布。

6.6 如何生成一个多维正态分布的抽样?

6.7 考虑爱尔兰拒绝系统,著名的爱尔兰公式假设呼叫的持续时间为负指数分布,实际上呼叫为任意分布时爱尔兰公式均成立。利用计算机模拟的方法验证这个结论。

6.8 在例4.7中,通过迭代的方法近似计算了网络的平均呼损。在呼叫量不同的情况下,近似的准确程度不同。为了分析近似程度的规律,利用计算机模拟的方法计算网络在不同呼叫量时的平均呼损,并和通过迭代计算的结果进行比较。

6.9 通过随机模拟的方法,分析4.1节中重复呼叫流近似计算的近似程度和规律。

6.10 利用随机模拟的方法重新分析例4.6的交换系统,考虑这个交换系统的内部阻塞概率。

6.11 考虑例4.9中的数据网络,数据包在通过网络时包长不变。利用随机模拟的方法分析该网络的平均时延,并比较计算结果。

6.12 考虑习题4.7,如果采用RTNR的路由方法,利用随机模拟的方法分析网络的平均呼损。

第 7 章　网络可靠性分析

网络是通信系统的系统，由许多子系统构成，整个网络的可靠性依赖于每个子系统的可靠性，同时也依赖于这些子系统组成大系统或网络的方式。每个子系统都不会无故障，即使每个子系统可靠度很大，但数量众多的子系统构成大系统网络的可靠性仍需要很好的估计，如果构成网络的方式不好，整体的可靠度就不会达到指标。各种各样子系统的故障会使网络性能下降，达不到网络预定的服务指标。通过对网络进行可靠性分析，可以对网络进行合理规划，选择合理的拓扑结构和增加冗余投资以弥补故障带来的影响，达到网络预定的服务指标。

7.1　可靠性理论基础

7.1.1　寿命分布和失效率函数

首先考虑子系统的可靠性特点，然后考虑子系统依照不同方法构成的大系统的可靠性。

对于简单系统，假设它仅包含两个状态：正常和故障。如果用一个非负随机变量 X 来描述系统的寿命，X 相应的分布函数为

$$F(t)=p\{X\leqslant t\},t\geqslant 0 \tag{7.1}$$

同时，这个分布的概率密度为 $f(t)$。有了寿命分布 $F(t)$，就可以知道在时刻 t 以前都正常的概率，即

$$R(t)=p\{X>t\}=1-F(t) \tag{7.2}$$

而 $R(t)$ 表示系统的可靠度函数或可靠度。

根据式(7.2)，$R(t)$ 表示在 $[0,t]$ 内不失效的概率，$f(t)$ 表示 X 的概率密度。

平均寿命为

$$E[X]=\int_0^{\infty} t\mathrm{d}F(t)=\int_0^{\infty} tf(t)\mathrm{d}t$$

根据式(7.2)，有

$$E[X]=\int_0^{\infty} t\mathrm{d}F(t)=\int_0^{\infty}\int_0^{t}\mathrm{d}u\mathrm{d}F(t)=\int_0^{\infty}\int_u^{\infty}\mathrm{d}F(t)\mathrm{d}u=\int_0^{\infty}[1-F(u)]\mathrm{d}u$$

所以

$$E(X)=\int_0^{\infty}R(t)\mathrm{d}t \tag{7.3}$$

设系统的寿命为非负连续型随机变量 X，其分布函数为 $F(t)$，密度函数为 $f(t)$，定义失效率函数如下：

定义 7.1 失效率函数：$r(t)=\dfrac{f(t)}{1-F(t)}$，对任意 t，$F(t)<1$，简称为失效率。

因系统在 t 时刻正常，在 $(t,t+\Delta t]$ 中失效的概率为

$$p\{X\leqslant t+\Delta t\mid X>t\}=\frac{F(t+\Delta t)-F(t)}{1-F(t)}\approx\frac{f(t)\Delta t}{1-F(t)}=r(t)\cdot\Delta t$$

当 Δt 很小时，$r(t)\Delta t$ 表示在 $(t,t+\Delta t]$ 中失效的概率。

例 7.1 如果一个系统的寿命分布是参数 α 的负指数分布，求它的失效率函数。

解

$$r(t)=\frac{f(t)}{1-F(t)}=\frac{\alpha\cdot\mathrm{e}^{-\alpha t}}{1-(1-\mathrm{e}^{-\alpha t})}=\alpha$$

故负指数分布的失效率为常数，并且就是它的参数 α，同时容易证明反过来也对。

对于负指数分布，任意 $s,t>0$，由于 $p\{X>s+t\mid X>t\}=p\{X>s\}$，则负指数分布的残余分布与初始分布一致，负指数分布这个简单特点，使它在可靠性分析中具有重要意义。

图 7.1 中表示了典型的失效率函数，也被称之为浴盆曲线。在 a 之前，$r(t)$ 呈下降趋势，这是早期的失效期；而 a 与 b 之间的 $r(t)$ 较低，基本保持常数，为正常工作阶段；在 b 以后，$r(t)$ 又呈上升趋势，为磨损失效期，寿命逐渐结束。

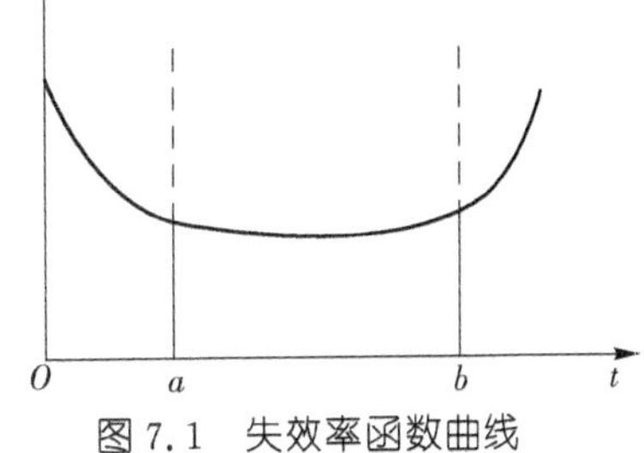

图 7.1 失效率函数曲线

除了负指数分布外，威布尔(Weibull)分布也常用来描述寿命分布。当非负随机变量 X 有密度

$$f(t)=\lambda\alpha\cdot(\lambda t)^{\alpha-1}\mathrm{e}^{-(\lambda t)^{\alpha}},t\geqslant 0,\alpha,\lambda>0$$

和分布函数

$$F(t)=1-\mathrm{e}^{-(\lambda t)^{\alpha}},t\geqslant 0$$

则称 X 服从参数 (α,λ) 的威布尔分布，记为 $W(\alpha,\lambda;t)$，其中 α 为形态参数，λ 为尺度参数。

实践中，威布尔分布是可靠性分析中广泛使用的连续性寿命分布，它可以用来描述许多系统，如疲劳失效、真空管失效和轴承失效等寿命分布。在某些问题中，寿命分布也可以是离散分布，习题 7.4 中有简单的讨论。

7.1.2 不可修复系统和可修复系统

如果一个子系统在出现故障后，不再修复，这个子系统称之为不可修复系统。如果一个子系统在出现故障后，经历一段时间，修复又重新使用，如此循环往复，这种系统称之为可修复系统。可修复系统和不可修复系统的区分并不是绝对的，在一定条件下它们可以相互转换。

对于不可修复系统，可靠性的重要指标为其寿命分布 X 和可靠度函数 $R(t)$。若失效率函数为常数 α，X 服从负指数分布，则

$$R(t)=p\{X>t\}=\mathrm{e}^{-\alpha t} \tag{7.4}$$

不可修复系统的平均寿命记为 MTTF，$\mathrm{MTTF}=\dfrac{1}{\alpha}$。

一般地，系统的失效率函数不为常数，设为 $r(t)$，则

$$R(t+\Delta t)=[1-r(t)\cdot\Delta t]\cdot R(t)+o(\Delta t)$$

令 $\Delta t\to 0$，得

$$R'(t)=-r(t)R(t)$$

其初值 $R(0)=1$，解之得

$$R(t)=\mathrm{e}^{-\int_0^t r(x)\mathrm{d}x}$$

平均寿命为

$$E(X)=\int_0^{\infty}R(t)\mathrm{d}t$$

对于可修复系统，系统处于故障、正常的循环交替中。系统的可靠度有时也被称为可用度，它表示在总时间中有多少比例的时间系统处于正常状态，其可靠度 R 应与时间 t 无关，即

$$R=\frac{\text{正常时间}}{\text{总时间}} \tag{7.5}$$

可修复系统在出现故障之后，其修复时间的分布有多种类型。下面假设系统的修复时间为参数 β 的负指数分布，系统正常工作时间为参数 α 的负指数分布，若 $R(t)$ 为可靠度函数，则

$$R(t+\Delta t)=(1-\alpha\cdot\Delta t)\cdot R(t)+\beta\cdot\Delta t\cdot[1-R(t)]+o(\Delta t)$$

令 $\Delta t\to 0$，得

$$R'(t)=-\alpha R(t)+\beta[1-R(t)]=\beta-(\alpha+\beta)R(t)$$

初值随意，不妨令 $R(0)=1$，解之得

$$R(t)=\frac{\beta}{\alpha+\beta}+\frac{\alpha}{\alpha+\beta}\mathrm{e}^{-(\alpha+\beta)t}$$

在 $t\to\infty$ 时，得

$$R(t)=R=\frac{\beta}{\alpha+\beta} \quad \text{或} \quad R=\frac{\frac{1}{\alpha}}{\frac{1}{\alpha}+\frac{1}{\beta}} \tag{7.6}$$

式(7.6)中 $1/\alpha$ 为平均故障间隔时间，一般记为 MTBF；$1/\beta$ 为平均修复时间，一般记为 MTTR，同时 β 也被称为修复率。因 MTBF＋MTTR 为一个周期的平均长度，故式(7.6)与式(7.5)含义一致。

对于可修复系统容易根据式(7.6)利用实测数据来估计它的可用度，而对于不可修复系统，容易根据实测数据获得 $R(t)$ 的估计值，由式(7.2)得 $R'(t)=-\frac{\mathrm{d}F(t)}{\mathrm{d}t}$，从而得到寿命分布函数。

7.1.3 复杂系统的可靠度

子系统可以按不同的方法构成大系统，最简单的有串接、并接。在图 7.2 中表示了串接、并接系统。

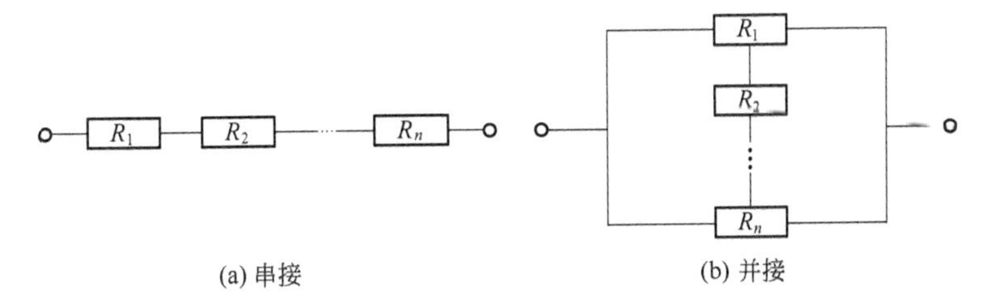

(a) 串接　　(b) 并接

图 7.2　串接和并接系统

如果 n 个子系统只要有一个子系统故障，整个系统就故障，则 n 个子系统就构成一个串接系统。如果 n 个子系统只要有一个子系统正常，整个系统就正常，则 n 个子系统就构成一个并接系统。这样当各个子系统独立时，串、并接系统的可靠度分别由式(7.7)和(7.8)来计算。

$$R_{串}=\prod_{i=1}^{n}R_i \tag{7.7}$$

$$R_{并}=1-\prod_{i=1}^{n}(1-R_i) \tag{7.8}$$

对于不可修复系统，如果各个独立子系统的可靠度为 $\mathrm{e}^{-\alpha_i t}$，则

$$R_{串}=\prod_{i=1}^{n}R_i(t)=\mathrm{e}^{-\left(\sum_{i=1}^{n}\alpha_i\right)t}$$

平均寿命为

$$E[X]=\frac{1}{\sum_{i=1}^{n}\alpha_i}$$

$$R_{并}=1-\prod_{i=1}^{n}[1-R_i(t)]=1-\prod_{i=1}^{n}(1-\mathrm{e}^{-\alpha_i t})$$

平均寿命为

$$E[X]=\int_0^{\infty}R(t)\mathrm{d}t=\int_0^{\infty}\left[1-\prod_{i=1}^{n}(1-\mathrm{e}^{-\alpha_i t})\right]\mathrm{d}t$$

$$=\sum_{i=1}^{n}\frac{1}{\alpha_i}-\sum_{i\neq j}\frac{1}{\alpha_i+\alpha_j}+\sum_{i\neq j\neq k}\frac{1}{\alpha_i+\alpha_j+\alpha_k}+\cdots$$

对于可修复系统，如果各个独立子系统的可靠度为$\frac{\beta_i}{\alpha_i+\beta_i}$，则

$$R_{串}=\prod_{i=1}^{n}\frac{\beta_i}{\alpha_i+\beta_i},\quad R_{并}=1-\prod_{i=1}^{n}\left(1-\frac{\beta_i}{\alpha_i+\beta_i}\right)=1-\prod_{i=1}^{n}\frac{\alpha_i}{\alpha_i+\beta_i}$$

如果各自子系统不独立，则式(7.7)和(7.8)不成立。一般来说，非独立的原因很多，下面通过例子来说明非独立系统的可靠度分析。

例 7.2 有 n 个子系统串接形成一个系统，每个子系统为可修复系统，其可靠度为$\frac{\beta_i}{\alpha_i+\beta_i}$，但当某个子系统故障时，别的子系统停顿，等故障子系统修复后，其他子系统继续一起工作，求系统可靠度 R。

解 首先，分析平均故障间隔时间 MTBF，第 i 个子系统的故障间隔时间 T_i 为参数 α_i 的负指数分布，这些时间 T_i 是独立分布，则整个系统的故障间隔时间为

$$T=\min\{T_1,T_2,\cdots,T_n\}$$

易知 $p\{T>t\}=\mathrm{e}^{-(\sum_{i=1}^{n}\alpha_i)t}$，则

$$\mathrm{MTBF}=\frac{1}{\sum_{i=1}^{n}\alpha_i}$$

当故障发生时，根据负指数分布的性质，第 i 个子系统失效的概率为

$$p_i=\frac{\alpha_i}{\sum_{k=1}^{n}\alpha_k}$$

则平均修复时间为

$$\mathrm{MTTR}=\sum_{i=1}^{n}\frac{1}{\beta_i}p_i$$

系统可靠度为

$$R=\frac{\text{MTBF}}{\text{MTBF}+\text{MTTR}}=\frac{1}{1+\sum_{k=1}^{n}\frac{\alpha_k}{\beta_k}}$$

串接和并接是两种简单的情况，一般来说，一个系统如果由 n 个独立子系统构成，这些子系统的组成可能较复杂。描述这种组成一般可以采用真值表的方式。更简单一些，如果系统也可以有类似图 7.2 的逻辑图，分析可以采用分解的方法来进行。

例 7.3 图 7.3 表示由 5 个独立子系统构成的混接系统，若第 i 个子系统的可靠度为 R_i，求整个系统的可靠度。

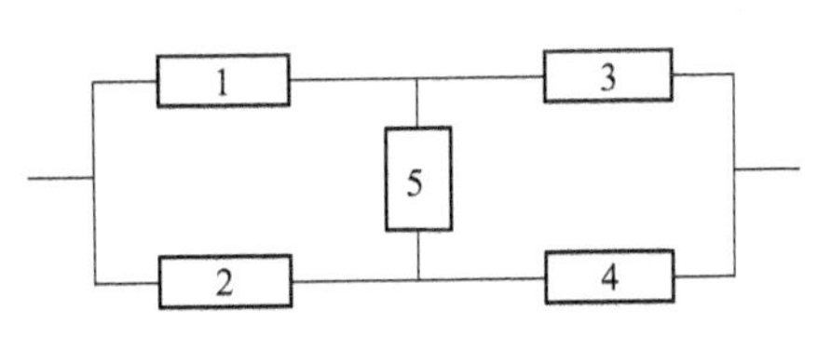

图 7.3 混接系统

解 根据第 5 个子系统正常与否将图 7.3 分解为两个等价的情形，其概率分别为 R_5 和 $1-R_5$。图 7.4 中，(a)表示第 5 个系统正常，(b)表示第 5 个系统故障。

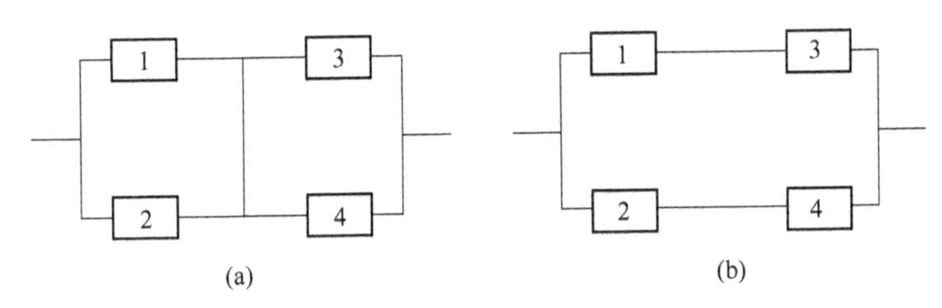

图 7.4 第 5 个系统正常或故障混接系统

(a)中，有

$$\text{系统可靠度}=[1-(1-R_1)(1-R_2)][1-(1-R_3)(1-R_4)]$$

(b)中，有

$$\text{系统可靠度}=1-(1-R_1R_3)(1-R_2R_4)$$

最后，整个系统的可靠度为

$$R=R_5[1-(1-R_1)(1-R_2)][1-(1-R_3)(1-R_4)]+(1-R_5)[1-(1-R_1R_3)(1-R_2R_4)]$$

例 7.3 的分析具有一定的代表性，只要了解大系统如何依赖于子系统，就可以采用逐步分解的方式求整个系统的可靠度。如果系统庞大，可以采用分层分级的方法分解成子系统进行分析。例 7.3 中的分析必须假设各个子系统相互独立，但在许多复杂系统中，影响系统的因素很多，并不一定能够将系统分解为独立的子系统，因而需要采用更加复杂的模型(如多维寿命分布等)来描述复杂系统的可靠度。

例 7.4 系统由两个子系统并接而成，这两个子系统的寿命 X_1 和 X_2 服从下面的二维负指数分布：

$$p\{X_1>x_1, X_2>x_2\}=\exp[-\alpha_1x_1-\alpha_2x_2-\alpha_{1,2}\max\{x_1,x_2\}] \tag{7.9}$$

其中，$x_1, x_2\geqslant 0, \alpha_1, \alpha_2, \alpha_{1,2}>0$。试分析系统的平均寿命和可靠度 $R(t)$。

解　这个系统可以这样理解，引起两个子系统故障有相互独立的原因。它们出现的时间服从参数 α_1 和 α_2 的负指数分布，此外还有一个共同的原因，其出现的时间服从参数 $\alpha_{1,2}$ 的负指数分布。

在 $x_2=0$ 或 $x_1=0$ 后，得到边缘生存概率：

$$p\{X_1>x_1\}=\exp[-(\alpha_1+\alpha_{1,2})x_1], x_1\geqslant 0$$
$$p\{X_2>x_2\}=\exp[-(\alpha_2+\alpha_{1,2})x_2], x_2\geqslant 0$$

由于系统由两个子系统并接而成，则系统的寿命为

$$X=\max\{X_1, X_2\}$$

系统的可靠度为

$$\begin{aligned}R(t)&=p\{\max\{X_1,X_2\}>t\}\\&=p\{X_1>t\}+p\{X_2>t\}-p\{X_1>t,X_2>t\}\\&=\mathrm{e}^{-\alpha_{1,2}t}[\mathrm{e}^{-\alpha_1 t}+\mathrm{e}^{-\alpha_2 t}-\mathrm{e}^{-(\alpha_1+\alpha_2)t}]\end{aligned}$$

平均寿命为

$$\mathrm{MTTF}=\int_0^\infty R(t)\mathrm{d}t=\frac{1}{\alpha_1+\alpha_{1,2}}+\frac{1}{\alpha_2+\alpha_{1,2}}-\frac{1}{\alpha_1+\alpha_2+\alpha_{1,2}}$$

这个系统等价于图 7.5 中的系统。系统 1 和 2 并接，再和系统 3 串接。它们的寿命分布分别服从参数 $\alpha_1,\alpha_2,\alpha_{1,2}$ 的负指数分布，且相互独立工作。

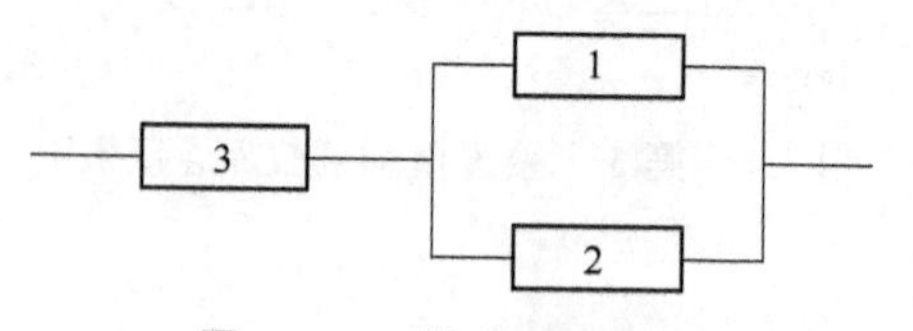

图 7.5　二维负指数分布

7.2　连通度与线连通度

若考虑连通无向图 $G=(V,E)$，连通度 α 与线连通度 β 反映了图的可靠性大小，下面再定义一个混合连通度 γ，其定义如下：

定义 7.2　$\gamma=\min|X|$，其中 X 为混合割集。

容易证明：$\alpha=\gamma$。

结合性质 5.5，则

$$\alpha=\gamma\leqslant\beta\leqslant\delta\leqslant\frac{2m}{n}$$

其中 δ 为最小度，$|V|=n$，$|E|=m$。

为了更加细致地描述图的可靠性，引入 3 个辅助指标 A_γ，B_β 和 C_α。

定义 7.3 C_α＝最小割端集的数目；B_β＝最小割边集的数目；A_γ＝最小混合割集的数目。

例 7.5 如图 7.6 中(a)(b)(c)3 个图，分别计算它们的各种可靠性指标。

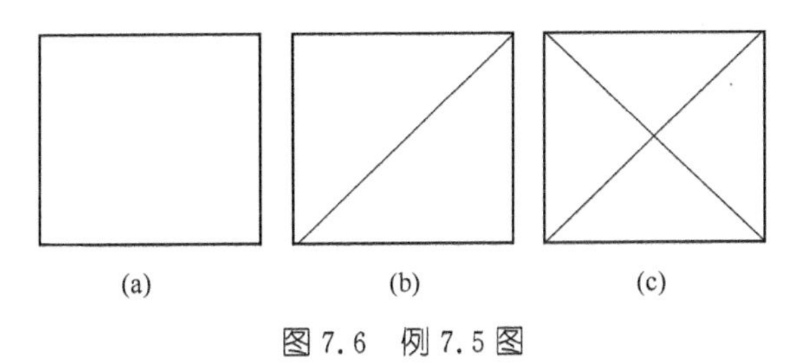

图 7.6 例 7.5 图

解 对于图 7.6(a)，有 $\alpha=\beta=\gamma=2, C_\alpha=2, B_\beta=6, A_\gamma=16$；

对于图 7.6(b)，有 $\alpha=\beta=\gamma=2, C_\alpha=1, B_\beta=2, A_\gamma=7$；

对于图 7.6(c)，有 $\alpha=\beta=\gamma=3, C_\alpha=4, B_\beta=4, A_\gamma=26$。

本例中的各种可靠性指标的计算依照定义即可完成，下面讨论一般的计算，这个计算应用了最大流最小割定理。

为了计算 α, β 和 γ，首先定义 3 类辅助指标。

对于图 $G=(V,E)$ 中任意两个端点 i 和 j，$\alpha_{i,j}$，$\beta_{i,j}$ 和 $\gamma_{i,j}$ 定义如下：

定义 7.4 $\alpha_{i,j}=\min\{|X|\}$，其中 X 为使 i 和 j 分开的割端集；$\beta_{i,j}=\min\{|Y|\}$，其中 Y 为使 i 和 j 分开的割边集；$\gamma_{i,j}=\min\{|Z|\}$，其中 Z 为使 i 和 j 分开的混合割集。

对于任意 i 和 j，当然 $\alpha_{i,j}\geqslant\alpha$，但对于 α，一定有某对 i_0 和 j_0，使 $\alpha_{i_0,j_0}=\alpha$。这样，如果 i 和 j 之间无边，有 $\alpha=\min\limits_{i,j}\{\alpha_{i,j}\}$。

类似，$\beta=\min\limits_{i,j}\{\beta_{i,j}\}$，$\gamma=\min\limits_{i,j}\{\gamma_{i,j}\}$，这样，为了计算 α, β 和 γ，只要能对任意 i 和 j 计算 $\alpha_{i,j}$，$\beta_{i,j}$ 和 $\gamma_{i,j}$ 即可。

下面考虑计算 $\alpha_{i,j}$，$\beta_{i,j}$ 和 $\gamma_{i,j}$，首先将图 G 做一个变换。图 7.7 中表示 G 的任一边需完成的变换，这样得到一个新的图 G^*。

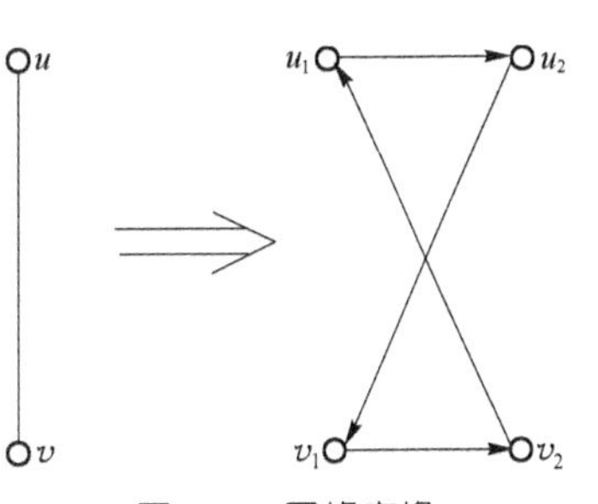

图 7.7 网络变换

在这个变换中，G 的每个端点将被分割成两个端点，每条无向边均被变换成两条有向边并且每个端内部有一条有向边。这个变换也常被用于端有权的网络。

在图 $G^*=(V^*,E^*)$ 中，$|V^*|=2n$，$|E^*|=2m+n$。为了求 $\alpha_{i,j}$，对图 G^* 赋容量如下：

- 对于任意边 (u_2,v_1) 和 (v_2,u_1)，其容量 $c_{u_2,v_1}=c_{v_2,u_1}=\infty$；
- 对于任意边 (u_1,u_2) 和 (v_1,v_2)，其容量 $c_{u_1,u_2}=c_{v_1,v_2}=1$。

在网络 G^* 中，求 i_2 至 j_1 的最大流 f，该流的流量 $v(f)$ 即为 $\alpha_{i,j}$。

这是因为图 G^* 边的容量均为整数，根据性质 5.9，存在一个整数最大流 f。设某边容量为 1，对于整数流而言，若该流在这条边上有非零流量值，该值必为 1；从 i_2 至 j_1 的流量其实是由 $v(f)$ 条边分离路线实现的，并且每条路线的流量为 1。另外，从 i_2 至 j_1 的最大流流量值 $v(f)$ 等于最小割的割量，该最小割中的边一定是 (u_1,u_2) 类型，且对应于图 G 中割端集的数目。最后，最大流流量值 $v(f)$ 等于图 G 中分离 i 和 j 的最小割端集数目。

在求得 $\alpha_{i,j}$ 的同时，至少也知道了一个实现 $\alpha_{i,j}$ 的割端集，最后 $\alpha=\min\limits_{i,j}\{\alpha_{i,j}\}$ 。

根据每一个实现 α 的 $\alpha_{i,j}$ 能够找到所有可能的最小割端集，也就是能计算出 C_α。

类似，如果求 β 和 B_β，可对图 G^* 赋容量如下：

- 对于任意边 (u_2,v_1) 和 (v_2,u_1)，其容量 $c_{u_2,v_1}=c_{v_2,u_1}=1$；
- 对于任意边 (u_1,u_2) 和 (v_1,v_2)，其容量 $c_{u_1,u_2}=c_{v_1,v_2}=\infty$。

在网络 G^* 中，求 i_2 至 j_1 的最大流 f，该流的流量 $v(f)$ 即为 $\beta_{i,j}$，并且可以计算 B_β。

类似，如果求 γ 和 A_γ，可对图 G^* 赋容量如下：

- 对于任意边 (u_2,v_1) 和 (v_2,u_1)，其容量 $c_{u_2,v_1}=c_{v_2,u_1}=1$；
- 对于任意边 (u_1,u_2) 和 (v_1,v_2)，其容量 $c_{u_1,u_2}=c_{v_1,v_2}=1$。

在网络 G^* 中，求 i_2 至 j_1 的最大流 f，该流的流量 $v(f)$ 即为 $\gamma_{i,j}$，并且可以计算 A_γ。

一个网络的各种连通度指标和相应的辅助指标表达了网络连通能力的强弱或可靠性的大小，这些指标是确定性的指标，也是最简单的指标。

7.3 网络可靠度的计算

7.3.1 网络可靠度计算的近似公式

假设网络用无向图 $G=(V,E)$ 表示，$|V|=n$，$|E|=m$。如果每边的不可靠度为 p，每端的不可靠度为 q，各边、端之间的故障概率相互独立。在 $p\ll1$，$q\ll1$ 的条件下，考虑网络可靠度的近似计算。

网络是一个庞大的对象，需要明确其可靠度的含义。在不同的应用场合可靠集的含义会有不同的解释。在下面的讨论中，网络可靠集采用如下定义。

定义 7.5 网络可靠集＝{没有失效的端之间连通}，而网络可靠度为网络处于可靠集的概率。

在 7.2 节中讨论的可靠性指标有时也被称为确定性度量，与概率无关。而定义 7.5 中的网络可靠度不但和 7.2 节中的各种连通度有关，而且与边和端的故障概率有关，故有时也被称为概率性度量。

首先，假设网络仅有端故障，$C_i\,(i\geqslant\alpha)$ 表示有 i 个割端的割端集的数目。此时，网络的不可靠集可以按照割端集来分类，由于各个端点的故障独立，网络可靠度可以计算如下：

$$R(n)=1-\sum_{i=\alpha}^{n}C_i\cdot q^i(1-q)^{n-i} \tag{7.10}$$

式(7.10)中 $q^i(1-q)^{n-i}$ 表示 G 中 n 个端恰有 i 个端故障的概率。整个不可靠集根据割端集的端数目分类，求和的每一项对应有 i 个割端的割端集的概率，整个求和就对应不可靠集的概率。

由于 $q\ll 1$，保留最大的项，且 $1-q\approx 1$，则有

$$R(n)\approx 1-C_\alpha\cdot q^\alpha \tag{7.11}$$

类似，如果网络中仅有边故障，网络可靠度 $R(e)$ 可由下面的近似公式得到：

$$R(e)\approx 1-B_\beta\cdot p^\beta \tag{7.12}$$

同样，当网络中为混合故障时，网络可靠度 $R(n,e)$ 的近似计算公式为

$$R(n,e)\approx 1-\sum p^s q^t \tag{7.13}$$

其中 $s\geqslant 0,t\geqslant 0,s+t=\gamma$，求和的项遍历所有 A_γ 个混合割集。

例 7.6 如果端故障概率为 q，边故障概率为 p，$q\ll 1$，$p\ll 1$，且各边、端故障概率独立。请计算完全二部图 $K_{3,3}$ 在各种情况下的近似可靠度。

解 对于图 $K_{3,3}$，经过计算 $\alpha=\beta=\gamma=3$，并且 $C_\alpha=2$，$B_\beta=6$，$A_\gamma=44$，则只有端故障下网络的近似可靠度为

$$R(n)\approx 1-2q^3$$

只有边故障下网络的近似可靠度为

$$R(e)\approx 1-6p^3$$

在混合故障下网络的近似可靠度为

$$R(n,e)\approx 1-2q^3-6p^3-18p^2q-18pq^2$$

如果 $X\subset V$，关于网络可靠集可以采用下面更加一般的定义。

定义 7.6 网络可靠集＝{X 中没有失效的端之间有路径}。

上面的定义可以认为考虑的重点为 X 集合。不是 X 中的正常端点如果不能连通，并不认为网络处于不可靠状态。

前述关于可靠度的近似计算可以做如下修正，以边割集为例来说明计算方法：

首先，定义关于集合 X 的边连通度 $\beta^{(X)}$，$\beta^{(X)}=\min\{Y^{(X)}\}$，其中 $Y^{(X)}$ 为能使 X 不连通的边割集，而 $B_{\beta^{(X)}}$ 定义为大小为 $\beta^{(X)}$，且使 X 不连通的边割集数目。

关于 $\beta^{(X)}$ 的计算，可以参照 β 的计算，且 $\beta^{(X)}=\min\limits_{i,j\in X}\{\beta_{i,j}\}$，而只有边故障下网络的近似可靠度公式为

$$R_X(e)\approx 1-B_{\beta^{(X)}}\cdot p^{\beta^{(X)}}$$

7.3.2 两端之间的可靠度

考虑图 G 的某两个端 s 和 t，所谓 s 和 t 之间的可靠度是指 s 和 t 之间有路径相通的

概率。这个概率的近似计算其实在 7.3.1 节中已得到，即在 $X=\{s,t\}$ 时，网络的近似可靠度。如果各边、端的可靠度不一样，并且网络规模不大，则可对 s 和 t 之间的可靠度做准确计算。

s 和 t 之间的可靠度 $Q_{s,t}$ 表示 s 和 t 之间至少有一条路径相通的概率。为了简便起见，首先假设只有边有故障，边 (i,j) 正常的概率为 $r_{i,j}$，且各边正常的概率独立。

假设 s 和 t 之间有 n 条路由，$E_i(1\leqslant i\leqslant n)$ 为第 i 条路由能工作的事件，p_i 为相应的概率，它实际是组成第 i 个路由上每条边的可靠度之积，E_iE_j 为第 i 和第 j 条路由皆能工作，$p_{i,j}$ 为其相应概率，类似有 $E_iE_jE_k$ 和 $p_{i,j,k}$ 等等。

若 $S_1=\sum p_1, S_2=\sum p_{i,j}, S_3=\sum p_{i,j,k}, \cdots$，则

$$Q_{s,t}=S_1-S_2+S_3-\cdots\pm S_n \tag{7.14}$$

下面希望将每个 S_i 表示为各边的可靠度 $r_{i,j}$ 的函数。以 $p_{1,2}$ 为例，p_1 与 p_2 计算容易，但 $p_{1,2}$ 应为组成路由 1 和 2 的所有边的可靠度之积，由于可能有公共边，一般 $p_{1,2}\neq p_1p_2$，考虑如下运算：在 $(i,j)=(k,e)$ 时，有 $r_{i,j}^a\cdot r_{k,e}^b=r_{i,j}$，$a\geqslant 1$，$b\geqslant 1$，将这个运算记为 $*$，则 $p_1*p_2=p_{1,2}$，这个运算实际就是规则(4.16)。

运算 $*$ 的实现方法如下：图 G 有 m 条边，可以用一个 m 维 0－1 矢量记录每条路由的构成，运算 $*$ 实际上是相应 m 维矢量中相应位置 0,1 的逻辑或运算 $\oplus$ 。

如 $p_1=(a_1,a_2,\cdots,a_m)$，$p_2=(b_1,b_2,\cdots,b_m)$，则

$$p_1*p_2=(c_1,c_2,\cdots,c_m)$$

其中 $c_i=a_i\oplus b_i$，$1\leqslant i\leqslant m$。

对于任意两个端 s 和 t，可以根据构成它们之间路由的表示计算它们的可靠度 $Q_{s,t}$。但是，当网络较大时，上面的计算就不现实。因为 s,t 之间的路由数可能会很大，不过如果限定了 s,t 之间的某些路由，式(7.14)可以给出准确的计算。

如果端可能有故障，端 i 正常的概率为 r_i。为了利用式(7.14)的计算方法，考虑下面的变换，对每条边 (i,j)，它的新可靠度 $r'_{i,j}=\sqrt{r_i}\cdot r_{i,j}\cdot\sqrt{r_j}$，将端的影响记入边中，这样，在新的可靠度 $r'_{i,j}$ 下，继续利用式(7.14)的计算方法，并且去掉端 s 和 t 的影响，就可以计算任意端 s 和 t 之间的可靠度了。

计算 $Q_{s,t}$ 的另一个思想为考虑分开 s 和 t 的不同割集，而不是考虑连通 s 和 t 的路由，这样也可以获得 $Q_{s,t}$ 的计算方法，并且在某些情况下效果要好于式(7.14)。

7.4 网络综合可靠度

在 7.2 节中讨论了通信网的各种连通度以及一些辅助指标，这些指标仅仅依赖于拓扑结构，是对可靠性的确定性度量。在 7.3 节中，讨论了网络可靠度的近似计算，这些可

靠度的计算首先依赖于相应可靠集的定义 7.5 和定义 7.6;这些不同定义的可靠集表明了对网络可靠性的不同要求和重点,而可靠度则是网络处于相应可靠集的概率。这些不同的网络可靠度不仅和拓扑结构有关,同时也和各边、端的故障概率有关,因此这些可靠度也称为概率性度量。

为了进一步分析网络的可靠度,需要考虑网络承载的业务。

下面以电话网为例,考虑网络平均呼损的计算。在 4.4 节中已讨论电话网络平均呼损的计算方法,不过在 4.4 节中并没有考虑网络故障因素。考虑故障因素的电话网络平均呼损也可被称之为综合不可靠度。

如果网络用 $G=(V,E)$ 表示,$|V|=n$,$|E|=m$,各个端和边的故障独立,考虑网络中的故障因素,网络将有 2^{n+m} 种状态。设在状态 $S_k(k=0,1,2,\cdots,2^{m+n}-1)$ 下,端 i 和 j 之间的呼损为 $p_{i,j}^{(k)}$,这个概率可以根据状态 S_k 下网络 G 的新结构 $G^{(k)}$(由 G 中删去若干故障端和边获得 $G^{(k)}$),然后依照 4.4 节中的方法计算 $p_{i,j}^{(k)}$。而状态 S_k 的概率 p_k 可以根据 S_k 中定义的故障详细情况结合端和边的故障概率求得。这样,网络的平均呼损或综合不可靠度 F 可以计算如下:

$$F=\frac{\sum\limits_{k=0}^{2^{m+n}-1}\left[\sum\limits_{i\cdot j}a_{i,j}\cdot p_{i,j}^{(k)}\right]\cdot p_k}{\sum\limits_{i\cdot j}a_{i,j}} \tag{7.15}$$

式(7.15)中的分子实际上为各种状态下拒绝呼叫量的期望值。由于网络中边、端的故障概率一般较小,若状态 S_k 中包含故障的边、端较多,相应的状态概率会很小。结合实际情况可以将许多小概率状态删去,如只留网络中单故障或两个故障的状态,这样,式(7.15)的计算会简化很多。

即使如此,对于每个网络 $G^{(k)}$,4.4 节中计算呼损的方法仍然比较复杂,且仅针对固定路由表计算。正如对动态无级网的分析,随机模拟可以较好地完成式(7.15)中的计算。

对于数据网络,可以考虑网络的平均时延作为评估网络综合不可靠度的指标,计算和式(7.15)类似。

式(7.15)中实际计算的是网络平均呼损,如果沿用定义 7.5、定义 7.6 中的方法可以计算另一类网络综合可靠度指标。

如设定呼损边界 $\varepsilon(0<\varepsilon<1)$,对每个状态 S_k 分析 $G^{(k)}$ 的平均呼损,若平均呼损小于 ε,则该状态 S_k 为可靠集;否则,S_k 是不可靠集。这种可靠集定义方式不但依赖于拓扑结构和网络故障因素,同时还依赖于网络承载的业务和相应的质量指标。

定义 7.7 网络可靠集 $=\{S_k \mid S_k$ 下平均呼损小于 $\varepsilon\}$,而网络综合可靠度 $R_\varepsilon=\sum\limits_{S_k\in\text{网络可靠集}}p_k$。

网络综合可靠度是网络处于可靠集的概率,不同于式(7.15)中的平均呼损。另外,随着 ε 的变化,网络综合可靠度反应出不同的应用需求。

例 7.7 继续例 4.7,如果使用第二种路由方法,各端点对之间除直达路由外,均有一条迂回路由。每条边故障的概率为 0.10,各边故障概率独立,且端无故障,在 $a=3$ erl 时,计算网络平均呼损和 $R_{0.1}$。

解 如果网络没有故障,根据例 4.7,网络平均呼损 $p\approx0.07$ 。

如果网络中有任何一条边故障,不妨设边(1,3)故障,网络变为一个链。设边(1,2)和边(2,3)的边阻塞率为 b,每条边承载的总呼叫量为 A,则

$$A=a+a(1-b)$$

根据爱尔兰公式,有

$$B(s,A)=b$$

其中 $s=5$。迭代求解 $b\approx0.29$,则

$$p_{1,2}=p_{2,3}=0.29,p_{1,3}=1-(1-b)^2=0.50$$

网络平均呼损为

$$p\approx0.36$$

单边故障的情况有 3 种,如果忽略网络中有 2 条和 2 条以上边故障的情况,网络平均呼损为

$$p\approx0.07\times0.90^3+0.36\times0.90^2\times0.10\times3=0.14$$

如果 $\varepsilon=0.1$,则

$$R_{0.1}=\sum_{S_k\in\text{网络可靠集}}p_k=0.9^3=0.73$$

习 题 7

7.1 某系统,当失效率 α 为常数时,证明其寿命分布为参数 α 的负指数分布。

7.2 求威布尔分布 $W(\alpha,\lambda;t)$的均值、方差和失效率函数。

7.3 假定系统在时刻 t 正常,用 $F_t(x)$表示残余寿命分布,$x\geqslant0$,$\mu=E(X)$为系统平均寿命,即 $F_t(x)=p\{X-t\leqslant x|X>t\}$,请证明:

(1) $1-F_t(x)=\dfrac{1-F(x+t)}{1-F(t)}$

(2) 系统的平均残余寿命为:$m(t)=\dfrac{1}{1-F(t)}\left\{\mu-\int_0^t[1-F(x)]\mathrm{d}x\right\}$

7.4 对于某个系统,如果它的寿命分布服从 $p_k=p\{X=k\}$,$k=0,1,2,\cdots$,它的失效率函数定义为:$r_k=p\{X=k|X\geqslant k\}$,$k=0,1,2,\cdots$,求下面分布的失效率:

(1) 几何分布 $p_k=p\{X=k\}=pq^k$,$k=0,1,2,\cdots$其中 $p>0,q>0,p+q=1$;

(2) 泊松分布 $p_k=p\{X=k\}=\dfrac{\lambda^k}{k!}\mathrm{e}^{-\lambda}$,$k=0,1,2,\cdots$其中 $\lambda>0$。

7.5　如果 n 个子系统独立且并接，并且每个子系统的寿命分布为参数 α 的负指数分布，证明：整个系统的平均寿命 $E[X_n]$ 可以下式计算：

$$E[X_n]=\left(1+\frac{1}{2}+\frac{1}{3}+\cdots+\frac{1}{n}\right)\frac{1}{\alpha}$$

并说明在 $n\to\infty$ 时 $E[X_n]\to\infty$ 和 $\frac{E[X_n]}{n}\to 0$ 的意义。

7.6　两个子系统并接形成一个系统，每个子系统都是可修复系统，且失效率 α 和修复率 β 均为常数。若在系统故障时只能修复一个子系统，求系统的可靠度 R。

7.7　证明：$\alpha=\gamma$ 和式(7.7)、(7.8)。

7.8　n 个可修复子系统相互独立，可靠度均为 R。任取两个子系统并接运行，某个子系统故障后用一个正常的子系统替补，故障系统在修复后继续排队候补。求系统的可靠度。

7.9　网络 $G=(V,E)$，各个端、边的故障独立，任意边 (u,v) 正常的概率为 $r_{u,v}$，任意端 u 正常的概率为 r_u，在网络中任取两个端点 s,t，求连接这两个端点的最大可靠度道路。

7.10　考虑一个有 8 个端的环，如果端故障概率为 q，边故障概率为 p，$q\ll 1$，$p\ll 1$，边、端故障概率独立。请计算在各种情况下的近似可靠度。

7.11　叙述网络综合可靠度的意义。

部分习题参考答案

习题 2

2.3　$E(k)=\frac{\rho}{1-\rho}$，$\mathrm{Var}(k)=\frac{\rho}{(1-\rho^2)}$

2.7　E_{k+1}的概率密度为$\frac{(\mu x)^k}{k!}\mu e^{-\mu x}$，$x\geqslant 0$

2.8　$p_k(t)=\frac{(\lambda t)^k}{k!}e^{-\lambda t}$，$k=0,1,2,3,\cdots$

习题 3

3.3

话 务 量	$a=21.9$	24.09	25.185	26.28
$s=30$	0.020	0.041	0.054	0.069
增加的幅度	—	103%	170%	245%

话 务 量	$a=5.08$	5.588	5.842	6.096
$s=10$	0.020	0.031	0.038	0.046
增加的幅度	—	55%	90%	130%

3.4　第一条线通过的呼叫量：$a_1=0.910$ erl

第二条线通过的呼叫量：$a_2=0.893$ erl

第三条线通过的呼叫量：$a_3=0.876$ erl

第四条线通过的呼叫量：$a_4=0.854$ erl

第五条线通过的呼叫量：$a_5=0.827$ erl

3.5　中继线群的数目应为 $s=9$

3.13　(1) 稳态分布 $p_k=\frac{a^k}{k!}e^{-a}$，$a=\frac{\lambda}{\mu}$

(3) 到达的呼叫量＝通过的呼叫量＝$1-e^{-a}$

习题 4

4.1 总呼叫量为 $a_R \approx 11.689$ erl

总呼损为 $B(s, a_R) \approx 0.289$

4.4 AD 中继线为 8

4.5 (1) 通过呼叫量 $a' = 9.44$ erl，峰值因子 $z = 0.73$。

(2) 到达的呼叫量 $\alpha = 0.56$ erl，峰值因子 $z = 2.225$。

4.7 只有直达路由时，在 $a = 1, 2, 3$ 时，网络平均呼损 $\approx 0.20, 0.40, 0.53$；

有迂回路由时，在 $a = 1, 2, 3$ 时，网络平均呼损 $\approx 0.15, 0.41, 0.56$。

4.8 1 和 3 方向的中继数目为 26。

4.9 A 队的平均等待时间 $= \frac{1}{\mu} \frac{\rho_1 + \rho_2}{(1+\rho_2)(1-\rho_1)}$

系统空闲的概率 $= \frac{1-\rho_1}{1+\rho_2}$，其中 $\rho_1 = \frac{\lambda_1}{\mu}$，$\rho_2 = \frac{\lambda_2}{\mu}$。

习题 5

5.6 $t(K_n) = n^{n-2}$，$t(K_n - e) = (n-2)n^{n-3}$

5.7 $t(K_{n,m}) = n^{m-1}m^{n-1}$

5.10 $$\boldsymbol{W}^{[6]} = \begin{pmatrix} 0.0 & 9.2 & 1.1 & 3.5 & 2.9 & 8.0 \\ 1.3 & 0.0 & 2.4 & 4.8 & 4.2 & 9.3 \\ 2.5 & 8.2 & 0.0 & 6.0 & 1.8 & 6.9 \\ 7.1 & 8.8 & 4.6 & 0.0 & 2.4 & 7.5 \\ 4.7 & 6.4 & 2.2 & 8.2 & 0.0 & 5.1 \\ 5.2 & 8.5 & 2.7 & 8.7 & 2.1 & 0.0 \end{pmatrix}, \boldsymbol{R}^{[6]} = \begin{pmatrix} 1 & 1 & 1 & 1 & 3 & 5 \\ 2 & 2 & 1 & 1 & 3 & 5 \\ 3 & 5 & 3 & 1 & 3 & 5 \\ 3 & 5 & 5 & 4 & 4 & 4 \\ 3 & 5 & 5 & 1 & 5 & 5 \\ 3 & 5 & 6 & 1 & 6 & 6 \end{pmatrix}$$

5.11 最大流的流量为 13。

5.12 最小流的费用为 52。

习题 6

6.1 $\frac{2l}{\pi a}$

6.2 0.822 2

6.5 Z_1 和 Z_2 的联合概率密度为 $\frac{1}{2\pi} e^{-\frac{1}{2}(Z_1^2 + Z_2^2)}$

习题 7

7.2　$E(X)=\frac{1}{\lambda}\Gamma\left(\frac{1}{\alpha}+1\right)$，$\mathrm{Var}(X)=\frac{1}{\lambda^2}\left[\Gamma\left(\frac{2}{\alpha}+1\right)-\Gamma^2\left(\frac{1}{\alpha}+1\right)\right]$

失效率 $r(t)=\lambda\alpha(\lambda t)^{\alpha-1}, t\geqslant 0$

7.4　(1) $r_k=p$

(2) $r_k=\dfrac{\frac{\lambda^k}{k!}}{\sum_{r=k}^{\infty}\frac{\lambda^r}{r!}}$

7.6　$R=\dfrac{(2\alpha+\beta)\beta}{2\alpha^2+2\alpha\beta+\beta^2}$

7.8　$1-R_{系统}=\dfrac{\left(\frac{2\alpha}{\beta}\right)^n\frac{1}{2\times n!}}{\left[\sum_{k=0}^{n-1}\left(\frac{2\alpha}{\beta}\right)^k\frac{1}{k!}\right]+\left(\frac{2\alpha}{\beta}\right)^n\frac{1}{2\times n!}}$，其中 $\frac{\alpha}{\beta}=\frac{1}{R}-1$。

7.10　$R(e)\approx 1-28p^2$

$R(n)\approx 1-20q^2$

$R(n,e)\approx 1-20q^2-28p^2-48pq$

参 考 文 献

[1] Uyless Black. 现代通信最新技术. 北京:清华大学出版社, 1998

[2] Robert B Cooper. Introduction to Queueing Theory. [S. l.]Elsevier North Hooland, Inc. ,1981

[3] 华兴. 排队论与随机服务系统. 上海:上海翻译出版公司,1987

[4] 徐光辉. 随机服务系统. 北京:科学出版社,1988

[5] 周炯槃. 通信网理论基础. 北京:人民邮电出版社,1991

[6] Wah Chun Chan. Performance Analysis of Telecommunications and Local Area Networks. 出版地 Kluwer Academic Publishers, 2000

[7] 张富. 电信话务工程. 北京:人民邮电出版社, 1986

[8] Howard Cravis. Communications Network Analysis. [S. l.] Arthur D. Little, Inc. ,1981

[9] 田丰,马仲蕃. 图与网络流理论. 北京:科学出版社,1987

[10] Ravindra K, Ahuja Thomas L, Magnanti James Orlin. Network Flows. [S. l.] Prentice Hall,1993

[11] 苏驷希,张惠民. Solution of Some Graph Problems in which Edges Have Two weights. 邮电高校英文学报,1997,2:35-38

[12] 苏驷希,吴晓非. 网络混合可靠性计算公式的优化. 北京邮电大学学报,1999,3:40-43

[13] Gerald R Ash. Dynamic Network Evolution with Examples from AT&T's Evolving Dynamic Network. IEEE COM. ,1995,33(7):26-39

[14] 复旦大学. 概率论(第一册). 北京:高等教育出版社,1979

[15] 复旦大学. 概率论(第二册). 北京:高等教育出版社,1979

[16] 复旦大学. 概率论(第三册). 北京:高等教育出版社,1981

[17] 曹晋华,程侃. 可靠性数学引论. 北京:科学出版社,1986